大手メディアが隠す
ニュースにならなかった
あぶない真実
No.
上杉隆
TAKASHI UESUGI
PHP

はじめに——この国の報道は70年前から何も変わっていない

「大本営は終わっていない——」

東日本大震災が発生した2011年3月11日以降、私はこの言葉を何度もかみしめています。

それは「3・11」という未曾有の危機に際し、新聞やテレビに代表される日本の既存のマスメディアが「報道」機関としての機能を果たしてこなかったからです。

「新聞はウソをつかない」

「テレビで言っていることは信じられる」

いまだに少なくない数の日本人がそう信じています。

しかし、震災発生前からニュースの現場に身を置き続けた私が抱いたのは、これとは正反対の感情でした。

「新聞も、テレビも、現実を直視していない」

「日本の既存メディアは機能不全に陥るどころか、逆機能を果たしている」
「ニュースにはウソがある」

これが筆者の偽らざる実感です。

そもそもマスメディアの役割、機能とは、正しい情報や事実を読者や視聴者に伝えていくことです。とりわけ、政府、産業界、電力会社、経産省、原子力安全・保安院、文科省、農水省等々、いわゆる「権力者側」が隠そうとしがちな情報を暴くことが、ジャーナリズムの最低限の役割です。

しかし、3・11以降の日本のメディアはこの最低限の役割を果たさず、結果的に権力者側の情報隠蔽《いんぺい》という犯罪行為に加担してしまいました。残念なことに、読者や視聴者に寄り添わず、結果として権力者のために作用してしまったのです。

その結果、多くの日本人に正しい情報が伝わらず、被害を拡大する結果を招いてしまいました。これはまさに今から70年前、私たち日本人が経験した「大本営発表」と同じ構図ではないでしょうか。

今から70年前の戦時中、多くの日本人は「大本営発表」を信じていました。そして、その多くが自分たちが「大本営」の構造の中にいるとは気づきませんでした。

70年前、国家的な情報統制に加担したのは、政府・軍部・そして新聞の三者でした。

1941年12月8日、軍は自らの存在理由（レゾンデートル）を示すために真珠湾を奇襲し、戦争を始めました。政府は自らの正当性を維持するために軍主導の戦争を支持しました。そして新聞は「戦争に勝てる」と報じ続けました。この三者が一体となり、一斉に同じ方向を見て世論を作っていく「大本営」の構造を作ったのです。

ところが徐々に敗戦の色が濃くなっていきます。その転機となったのは南洋での敗北、とりわけ42年6月のミッドウェー海戦でした。

この時、軍部はもちろん、政府も明らかに負けたことを知っていました。そして、新聞記者たちも知っていました。ところが新聞は自らが「戦争に勝てる」と報じたことが「誤報」になることを避けるため、本当は知っていたはずの真実を語らずにごまかしはじめたのです。

この三者は勝ち目のない戦いを予期しながらも、43年2月にガダルカナルで敗北を喫してもなおウソをつき続けました。新聞は大本営発表に基づき、明らかな敗戦後の撤退を「転進」という言葉を使ってごまかし、「事実」を伝えなかったのです。

さらに45年3月には東京大空襲があり、同年6月の沖縄戦でも日本は負けました。このまま戦いを続けても勝ち目がない状況にあったにもかかわらず、新聞は大本営発表に加担し続け、「いよいよ本土決戦、我が軍に勝機あり」と報じました。結果、多くの国民、そして日本という国家が犠牲になりました。

残念ながら、70年前の国民の多くは「事実」を知るすべがありませんでした。噂などでは「負けてるんじゃないか」「おや、おかしいな」という情報が駆け巡っても、そんなことを大声出して言えば「非国民」のそしりを受けたからです。そこには「自由な言論空間」などありませんでした。

古今東西、政府・産業界・役人には、自らの権益を守るために情報を隠して自分を守ろうとする本能があります。近代国家では、それを食い止めるのがジャーナリズムの役割にもかかわらず、日本ではそのジャーナリズムを担うべき新聞がまったく機能しませんでした。むしろ逆機能を働かせ、権力側の喧伝に同調しない内部の人間は排除されていきました。

たとえば「関東防空大演習を嗤《わら》う」という社説を書いた信濃毎日新聞主筆の桐生悠々《きりゅうゆうゆう》は、退社を強いられています。ジャーナリズム側が自主規制を行ない、自ら多様な言論を排除していきました。そして見事に日本中が一元化した言論のもとに戦争を続けていったのです。

その結果、45年8月6日には広島、9日には長崎に原爆が落とされ、8月15日の玉音放送でようやく戦争が終結したのでした。結果的に240万柱もの尊い命が奪われる結果となりました。

国民が初めて敗戦に気づいたのは、玉音放送で天皇陛下の声を聞いてからです。玉音放送があって初めて、軍部・政府・新聞の「大本営」が書いていたことが違っていたのだという確認をとれたのです。

戦後、子どもたちは墨を持って教科書を塗りつぶしました。つまり自分たちが騙されていたことに気づき、少なくとも「新聞の報道は正しくなかった」ということを確認する作業、洗脳を解く作業を行なったのです。

3・11以降の日本は、この状況にとてもよく似ています。ただし、そのプレイヤーには若干の変更がありました。

政府は東条内閣から菅内閣、野田内閣へと変わりました。軍部は関東軍から原発を推進する電力会社へと変わりました。新聞（報道機関）だけは、70年前も今も「記者クラブ」ですが。

私はこの体制を「新・大本営」と呼んでいます。大げさに思えるかもしれませんが、決して言い過ぎではありません。皆さんも3・11以降の政府・電力会社・大手メディアの発言を思い出してみてください。

原発事故発生当初、枝野幸男官房長官（当時）は東京電力の説明通りに、こう繰り返してきました。

「格納容器は健全に守られています」

しかし、実際にはメルトダウンしていました。

「放射能がチェルノブイリのように飛散することは絶対にありません」

しかし、実際にはチェルノブイリと同じレベルかあるいはそれ以上の広範囲にわたって放射性物質が飛散していました。

新聞・テレビの罪は、こうした政府・東京電力が発信する根拠なき「安全デマ」「安心デマ」を、またしても無批判に報じてきたことです。その結果、被曝しなくてもいい国民を被曝させてしまいました。

これは「報道の機能不全」という生やさしいものではありません。まったくの逆機能です。これまで彼ら記者クラブメディアは、政府の公的な記者会見の場からフリーランスや海外メディアの記者たちを排除し、多様な情報の流通を阻害してきました。その結果、政府・東京電力の間違った情報発信に加担して、国民にウソの情報を流し続けてきたのです。

今でも「新・大本営」は続いています。しかし、わずかばかりの希望もあります。それは時代の変化による情報流通形態の変化です。

一つは海外メディアからの情報です。今は一般の人々でもネットなどを通じて海外メディアの情報に触れられます。海外メディアは3・11以降、一貫して日本のメディアとは違う報道をしてきました。そのため日本の報道と比較することで「どちらの言っていることが正しいのだろう」という健全な疑問を抱くことが可能になりました。

もう一つはSNSを中心としたインターネットです。70年前には、当然ながらインターネットがありませんでした。そのため情報源は新聞・ラジオに限られていました。つまり権力側にとっては、記者クラブを通じて簡単に情報の一元化、言論の単一化が可能だったのです。

世の中に多様な情報が流通していなければ、「情報を疑う」ということも難しくなります。しかし、現在では、インターネットを使ったミクシィ、フェイスブックなどのSNS、さらにはブログやツイッターなどから、多様な情報を得ることができます。また、日本にオープンでフェアな言論空間を作ろうとして立ち上げた社団法人・自由報道協会もできました。

自由報道協会はメディアではなく「誰もが参加できるオープンな記者会見の場」を提供する団体ですが、そこで行なわれる記者会見はニコニコ動画、ユーストリームなどを通じて、全世界へ生中継されています。つまりインターネットのユーザーは、政府や権力側が発する「ウソの情報」と同時に、カウンターとなる正反対の情報、多様な情報に触れることができる時代になったのです。

別に私自身がつねに正しいということを言いたいのではありません。人間誰しもミスはあります。しかし、民主主義国家というのは多様な価値観、多様な人々で構成されている以上、情報も多様であっていい。そしてその多様性を担保するのがマスメディアの役割であるはずです。

新聞がすべて正しいとは限らないのと同様に、インターネット上の情報もすべてが正しいとは限りません。どちらも間違うことがあります。

しかし、政府のウソ、官僚のウソ、東電のウソ、なんといっても既存のマスメディアのウソを明らかにしてきたのが、インターネットを通じた情報の新しい流通形態でした。

3・11以降、日本の世の中に流通したニュースのなかで、何が真実で、何がウソだったのか。その答えを見つけ出すのは、本書を読んだ皆さんです。

ニュースにならなかったあぶない真実◆目次

第1章

そうだったのか！ 3・11報道の真実

第2章

新聞・テレビが真実を伝えられない理由

第3章

ニュースにならなかった日本の食品のあぶない真実

第4章 絶対に許せない！ 権力とメディアの「ウソ」

装幀◎渡邊民人（TYPEFACE）
装幀・章扉写真◎高仲建次
編集協力◎畠山理仁

本書に記載された情報は、２０１２年１月末時点において確認されたものであり、登場人物の肩書き等は原則として取材当時のものとなっています。

第1章

そうだったのか！
3・11報道の真実

「メルトダウンしていません。格納容器は健全性が保たれています。逃げる必要はありません」のウソ

２０１１年３月12日

◆環境基準の10万～１００万倍近い数値だった3月の放射能

３・11以降、福島の人々が混乱しています。それは当然です。今後、放射能（※１）がどういう影響を与えるか、今は誰にもわからないからです。

こうした災害時、日本人の習性としては、まず真っ先に新聞・テレビなどから情報を得ようとします。その時、そういった既存メディアの報道はどうだったかを思い出してください。

たとえばＮＨＫの報道は枝野幸男（※２）官房長官の言葉を繰り返し流し

（※1）**放射能**
核燃料物質など放射性物質が放射線を出す能力のこと。単位はベクレル（Bq）で表される。1Bqは1秒間に1個の原子核が崩壊することを意味する。

（※2）**枝野幸男**
1964年5月31日、栃木県生まれ。弁護士。1993年旧埼玉5区から出馬し、衆議院議員初当選。民主党政策調査会長・幹事長、経済産業大臣を歴任。震災当時内閣官房長官。

（※3）**格納容器**
原子炉の心臓部である原

ました。

「格納容器（※3）は健全に守られています。逃げる必要はありません」

「メルトダウン（※4）はしていません」

そして原発事故発生直後、避難指示が出たのは原発から2キロ圏内でした。

「2キロ、3キロの避難区域に入らなければ大丈夫です。ご安心ください」

「デマには気をつけてください」

「食べ物も安全です。飲み水も安全です」

「放射能が外に出ることはありません」

新聞・テレビはこうした報道を朝から晩まで繰り返していました。

以前の私自身もそうですが、日本人の多くはNHKや朝日新聞など、大手のマスメディアが言ったことを信じがちです。福島の人たちも、当然、信じていました。

その結果、何が起きてしまったか。

3月12日～16日、そして20日～24日。とりわけこの10日間に福島第一原発（※5）の爆発によって放出された放射性物質が、環境基準の10万～100万

子炉圧力容器や冷却施設を包み込み、原子炉で事故が起こった場合でも放射性物質が外部に漏れ出さないよう防御する鋼鉄・コンクリート製の施設。

（※4）
メルトダウン
原子炉内で、冷却装置の故障などにより、核燃料が異常高温となり、燃料棒や制御棒など内容物が溶け出してしまうこと。

（※5）
福島第一原発
東京電力が所有する原子力発電所。福島県大熊町・双葉町にまたがる地域に所在。1号機が着工され1967年に1971年に営業運転開始、6号機まで建設された。

倍近い数値だったという情報が「後になって」文部科学省から出されるわけです。また、政府がメルトダウンを認めたのは事故から2カ月が経った5月12日のことでした。要するに日本人は「後になってから被曝してしまったことを知る」という最悪の状況に置かれています。

とくに3月23日前後の放射性物質（※1）の放出は、その後の雨雲などによって、東京をはじめ関東全域に広がりました。結果として、国民の生命や健康を守るべき政府、そしてその政府の暴走を止めるべきジャーナリズムが機能せずに、多くの国民を被曝させてしまいました。これは隠しようのない事実です。

本来であれば、「安全です」と繰り返す政府側の発表に対して、疑問の声をあげてもいいわけです。しかし、日本の既存メディアはこうした声をほとんど取り上げませんでした。

◆ガイガーカウンターの針が振り切れた！

ただ、福島県の人たちのなかには「どうもおかしい」と気づいている人たちもいました。たとえば南相馬市の桜井勝延《かつのぶ》市長なども、「安全だ、安全

（※1）
放射性物質
放射能を持つ物質の総称。ウラン、プルトニウム、トリウムなど。電子が不安定な物質がエネルギーを放出して安定した原子に変わろうとする「原子核崩壊」の際に放射線を放つ。

（※2）
ガイガーカウンター
ガイガー・ミュラー計数管とも。放射線を計測する機器の一種。電離放射

だ」と言っている新聞・テレビの記者が、いきなり目の前からいなくなってしまったことに驚いていました。NHKから始まって、すべての大手メディアの記者が挨拶もなく逃げてしまったのです。

それには理由があります。各メディアは放射能事故が起こった場合、「30キロや50キロ圏内には入ってはいけない」という内規を持っているからです。だから原発事故が発生した直後、記者たちはまっさきに出て行きました。そして読者や視聴者には「記者が避難している事実」は知らされませんでした。

そうした既存メディアの記者の代わりに来たのが、フリーランスの記者や海外メディアの記者でした。彼らはガイガーカウンター（※2）を持って現地入りし、放射線量（※3）を測定していきました。

そして、「大変だ」と気づいたのです。3月13日にいち早く現地入りしたフォトジャーナリストの広河隆一（※4）氏は、

「ガイガーカウンターの針が振り切れています。お子さんや妊娠中のお母さんたちだけでもどうにかして逃がしたい。何か伝える手段はないものでしょうか」

線を検出して数値化する。X線、ベータ線、ガンマ線、アルファ線などが検出可能。

（※3）**放射線量**
物体に照射された放射線の量。表記単位は、ベクレル（Bq）、グレイ（Gy）などがあるが、特に人体が吸収した放射線の影響度を数値化した単位をシーベルト（Sv）で表す。

（※4）**広河隆一**
フォトジャーナリスト、作家。チェルノブイリとスリーマイル島原発事故の報告で講談社出版文化大賞を受賞したほか、原発問題を精力的に取材。パレスチナ問題にも詳しい。

と私に教えてくれました。

また、自由報道協会（※1）のメンバーの島田健弘氏が、最初に原発事故現場に入った自衛隊員から「メルトダウンしている。政府の発表はウソだ」という話を聞いたこともあり、私もさかんにこの情報をインターネットなどを使って知らせました。

しかし、日本には「新聞・テレビの言うことは正しい。フリーならびに海外メディアは胡散臭《うさんくさ》い。とりわけ自由報道協会はもっと胡散臭い。その代表である上杉隆はもっともっと胡散臭い」という風潮があります。そして多くの日本人がそこに乗っかってしまったために、私たちの「安全という発表は違うんじゃないか」という言論をまったく封殺してしまったのです。

◆既存メディアだけを信じた結果、被曝した人たち

地元の人たちも最初はフリーランスや海外メディアの報道を疑っていました。それは新聞・テレビが繰り返し「安全だ、安心だ」と言っていたからです。ところが後になって考えてみたら、フリーランスや海外メディアの言っていたことが結果的に正しかったとわかるのです。

原発事故で起こり得る「最悪の事態」については、政府も東電もマスコミも巧妙に避け、触れようとしませんでした。メルトダウンとレベル５以上の事故になる危険性を言うと「デマだ」と攻撃したのです。日本では「最悪のシナリオ」を語ることがタブーなのです。

この時、何よりも動きが早かったのがお母さんたちでした。お母さんたちにとって何より大事なのは子どもです。その子どもたちの健康を守るのはお母さんがいちばんに考えることですから、いろんな情報を探したわけです。

「本当に大丈夫か」

と心配し、新聞・テレビだけでなく、インターネットや口コミでいろんな情報を集めました。そしてそこから得た情報で「危険だ」と思ったお母さんたちは、親戚などを頼って一旦逃げました。

ところが、新聞・テレビだけから情報を得て「いや、大丈夫だ」と信じてしまった人たちは結局被曝してしまったわけです。残念なことに、既存メディアの報道を信じた結果、お子さんたちに与える母乳からセシウム（※2）が検出された人もたくさん出てしまいました。

このことを見ても、多様な情報が社会に流通することの大切さがわかると思います。自分の命を守るためにも、情報源は多様であるべきです。

（※1）**自由報道協会**
正式には社団法人・自由報道協会。国民の求める「知る権利」「情報公開」「公正な報道」を達成する〝場〟を作ることを目的に、フリージャーナリストを中心に2011年1月に創設された非営利団体。公的な記者会見を独占し、同業他社を排除する「記者クラブ制度」に疑問を呈し、報道の多様性と自由な取材機会の保障を訴える。

（※2）**セシウム**
アルカリ金属元素の一つ。水と反応して水素を発生する。元素記号は「Cs」。自然界にも存在するが、セシウムの放射性同位体であるセシウム137は核分裂によって生成される。

◆原発の非常用冷却装置が作動しなかった理由

「原発事故は『人災』ではない」のウソ

◆非常用冷却装置は2003年に取り外された！

福島第一原発事故が発生した直後から、私は福島第一原発3号機の設計者の一人である上原春男（※1）・元佐賀大学学長とコンタクトを取っていました。上原氏はMOX燃料が使われているプルサーマル3号機の冷却装置の設計者です。

当時は名前を出せませんでしたが、メルトダウンの可能性があること、プルトニウムを含むMOX燃料（※2）が使われている3号機がどうなってい

（※1）**上原春男**
海洋温度差発電推進機構理事長。元佐賀大学学長で、福島第一原子力発電所3号機の設計者。原発事故対策について、専門家の視点から様々な問題点を指摘。特に、政府や東京電力などの情報開示の姿勢に強い疑念を表明。

（※2）**MOX燃料**
使用済み核燃料から再処理によって取り出したプルトニウムを、二酸化プルトニウムと二酸化ウランでできた基材に混ぜてプルトニウム濃度を高め、核分裂しやすくした燃料。

るかということなどをずっと聞いていました。

いま振り返ると、結果として上原氏の予測はすべて当たっていました。ところが私が上原氏の話をラジオやメルマガなどで発信すると、「デマ野郎」という称号をいただきました。「嘘杉隆」とも呼ばれました。

私が上原氏から話を聞いて受けた印象は、今回の原発事故が震災によるものではなく「人災だ」ということでした。上原氏はかつて設計した3号機の設計図を見ながら、しきりと首をかしげていました。

「おかしいな。非常用冷却装置、ＩＣ（非常用復水器）が作動しているんだから、ここには水が溜まってくるはずなのに」

私は原子炉の専門家ではないので、最初はなんのことだかわかりませんでした。しかし、理由を聞いていくと、

「自分が設計したんだから、非常用冷却装置がないはずがないんだ。でも、東電からの図面を見ると、非常用冷却装置がなくなっているんだよ」

結論を言うと、上原氏が設計し、一度は設置されていたはずの非常用冷却装置のうちの一つは、２００３年に取り外されていました。つまり、東電から提供された図面の通りだったのです。

それでは、なぜ、設計したはずの冷却装置が取り外されていたのでしょうか。それは2003年、自民党政権の平沼赳夫《たけお》経済産業大臣の時に取り外すようにとの省令が出されたからです。

◆なぜ非常用冷却装置は取り外されたのか？

最後の安全装置ともいえる非常用緊急冷却装置が取り外された理由は、「原発の安全神話を守る」ためでした。非常用冷却装置は大きな原発事故が起こった場合にしか使われません。そのため「原発は絶対に安全だ」という安全神話と矛盾する存在だと認識されてしまったのです。

その経緯は国会でも審議されていますが、2001年に浜岡原発（※1）で水蒸気漏れを伴う配管事故が起こったことが引き金です。この事故は新聞などで小さく「水蒸気漏れ」と報じられただけでしたが、後から国会の資料を取り寄せてみると、実は爆発事故が起きていました。この時、かなりの量の放射性物質が放出されたのですが、緊急冷却装置が作動したことで、発電が止まってしまいました。これは、爆発事故に際して、非常用緊急冷却装置が設計通りうまく働いたことを意味しているのですが、その間、原発が止ま

（※1）
浜岡原発
中部電力唯一の原子力発電所。静岡県御前崎市に所在。1976年3月17日に1号機の運転を開始。現在5基の原子炉を建設。東海地震の予想震源域にあり、老朽化も著しいことから、政府が全原子炉の運転停止を要請。

ってしまったことの方が問題視されたのです。

まったく考え方が逆転しています。「安全のために緊急冷却装置が作動して原発を止めた」のに、「原発が止まったということは大変なことだ。止めたら事故の可能性があることがバレてしまう。これからは原発が止まらないようにしよう」となったのです。

そして緊急冷却装置の最初の部分を外そうということになり、その配管を浜岡以外のすべての原発からも取り外そうという判断が働きました。こうして福島第一原発からも緊急冷却装置の一つが取り外されていたのです。

◆原発事故は「天災」ではなく「人災」だ

しかし、緊急冷却装置は1つだけではありません。第2、第3の緊急冷却装置もありました。ところが奇妙なことに、今回の事故ではその2つまで止まっていたのでした。

なぜ、第2、第3の緊急冷却装置も作動しなかったのか。それを探るために原口一博（※2）衆議院議員などの国会議員が資料の開示を要求しました。

3月末になってようやく出てきた資料を見ると、3月11日に緊急冷却装置

（※2）
原口一博
1959年生まれ。佐賀県出身。佐賀1区選出の衆議院議員。民主党所属。初当選は1996年。当選回数5回。党きっての論客として活躍、鳩山政権では総務大臣で初入閣を果たす。

が止められた形跡があることがわかりました。上原氏はその資料を見て、

「おかしいな。おかしいな。自動的に動くものが、なぜ止まっているんだろう。それも何回も止まっている」

と首をかしげていました。

3月11日の停止については、川内博史《ひろし》衆議院議員が原子力安全・保安院に開示を要求し、8月17日になってようやく正式な文書での回答がありました。しかし、最初に出てきた資料は真っ黒な墨塗りで何が書いてあるかわかりませんでした。その後、再度の情報開示を要求したところ8月末にようやく墨塗りではない状態で出てきました。

その資料を見ると、今回の事故が本当の「人災」であることがわかりました。吉田昌郎《まさお》所長の下にいるオペレーターが、人為的に3回、非常用緊急冷却装置を止めていたことがわかったのです。実は東京電力のマニュアルには、「緊急冷却は原子炉を傷《いた》める可能性があるため、55度に低下した段階で緊急冷却を止めること」という記載があります。オペレーターは原子炉が傷まないよう、マニュアル通りに人為的に緊急冷却装置を止めてしまったのです。

このマニュアルは、「原子炉を守る」ためのマニュアルで、「人命を守るた

自由報道協会が主催した11月17日の記者会見で、上原氏は「枝野官房長官は、メルトダウンは起こっていないと無責任なことを言っていたが、原発技術者や設計士はメルトダウンになることは知っていたし、わかっていた」と述べています。真実は封印されていたのです。

めのマニュアル」ではありません。その結果、自動的に作動した緊急冷却装置を3回止め、その間にまた原子炉が空焚《からだ》き状態になりました。

原子炉内の温度が上がると、あわてて緊急冷却装置のスイッチを入れる。そして冷却のために少し水位が上がる。しかし、そのまま緊急冷却を続けると原子炉が傷むので緊急冷却装置を止める。そしてまた炉内の温度が上がる。そしてまた緊急冷却装置のスイッチを入れる。これを3回繰り返し、結局、緊急冷却装置を止めたままにしていたのでした。

その結果、3月12日未明、午前2時〜3時の間にメルトダウンが始まりました。つまり福島第一原発の事故の要因の一つは「人災」だったのです。

◆新聞・テレビは原発事故の「人災」を報じられなかった

当然ながら、物理の法則は世界共通です。そのため世界中の新聞・メディアは「空焚き状態にあるのなら、少なくとも数時間でメルトダウンが始まる」という記事を書きました。私も東京FM（※1）の特別番組の中で「ワシントン・ポスト紙はメルトダウンの可能性を報じています」とソースを明らかにして伝えました。ところがその瞬間、日本の多くの知識人たちは一斉に

（※1）
東京FM
1970年に創立、本放送を開始。全国90％をカバーする民間FM放送網のキー局。

私のことを「デマ野郎」扱いし始めたのです。

8月になって資料が明らかになると、原口議員や川内議員、そして鳩山由紀夫元総理も「これは人災だ」と発信しました。しかし、大手メディアはそこを一切無視しました。なぜならこの事故が「人災」ということになってしまうと、原子力損害賠償法（※1）によって東京電力が免責される道が閉ざされてしまうからです。

この人為的なミス、ヒューマンエラーについて、新聞・テレビはほとんど報じませんでした。しかし、2011年12月になって、ようやくNHKが放送しました。緊急冷却装置が働いていれば少なくとも7時間はメルトダウンが抑えられたのに、オペレーターが急に止めてしまったために抑えられなかった。その間に何かできたかもしれない、と報じました。

「ようやく報じたか……」

私がそう思った瞬間、驚くべきナレーションが入りました。

「ICと緊急冷却装置は津波によって破壊されました」

それまで「人災」と言っておきながら、急に津波のせいにしたのです。一つの番組内での自己矛盾に私は開いた口がふさがりませんでした。

（※1）**原子力損害賠償法**
正式には原子力損害の賠償に関する法律。1961年6月17日公布。原子力発電、原子炉の運転等により原子力損害が生じた場合の損害賠償を定めた法律。

◆政府・東電が行なった原発必要性のプロパガンダ

「電力が足りないので計画停電します」のウソ

2011年3月13日

◆実は原発すべてを停止しても大丈夫だった

2011年3月13日、東京電力は被災地に電気を送るためと称して「輪番停電」(当時、のちに計画停電)の実施を発表しました。すると、新聞・テレビは大々的に計画停電のニュースを取り上げました。そして翌14日には、早速一部の地域で停電が実施されたのです。

しかし、本当は計画停電する必要などありませんでした。既存メディアは政府と東京電力のプロパガンダ(※2)にひっかかってしまったのです。

(※2)
プロパガンダ
政治的意図のもとに主義や思想を意図的に操作するよう仕組まれた宣伝。

実は東京電力が「輪番停電」を発表する前、私は情報源の一人から次のような情報提供を受けていました。

「原子力発電所の必要性を強調するため、東京電力がもうすぐ輪番停電を宣言するぞ。かわりばんこに停電地域を作って、わざと停電させるんだ」

私は驚きました。この時はまだ地震発生直後です。後方支援の拠点となる東京まで停電したら、支援物資を届ける準備もできません。また、驚くべきことに計画停電が予定されていた地域には、茨城などの被災地も含まれていました。助かる命が、停電によって失われる可能性すらあったのです。

実はこの時、私は東京電力管内の17基の原発をすべて停止しても、水力・火力発電所の稼働で管区内の総電力をまかなえることを知っていました。なぜなら2003年には、前年に発覚した東京電力原発トラブル隠しの不祥事により、検査のために管区内のすべての原発が止まりました。それでも停電はなかったからです。しかも日本海側の柏崎刈羽原発は被災していません。電力供給量は、停電の必要がないほど十分だったのです。そこで私は3月の東京電力の記者会見で、藤本孝副社長に質問しました。

「壊れている発電所、修理中のもの、稼働中のもの、検査中のもの、その数をすべておっしゃってください」

藤本副社長はしぶしぶこう答えました。

「えー、まもなく鹿島の４４０万キロワットの火力が動き出し……」

その瞬間、藤本副社長の隣に座っていた部下が、藤本副社長に耳打ちしました。

「いや、失礼。復旧は４月になる見込みということでありまして……」

ここまで続けると、今度はさらに後方に座っている職員が藤本副社長にメモを差し出しました。

「訂正させていただきます。鹿島の火力発電所（※２）は少なくとも夏まで復旧の見通しが立たず、さらに発電量は３２０万キロワットの間違いでした」

私の知る限り、このやりとりを報じたメディアは一社もありませんでした。大手メディアは「輪番停電は被災地に電力を送るために必要なのだ」という、政府と東京電力の意図的な情報を広めてしまった後だったからです。

◆半年以上経ってようやくわかった計画停電の無意味さ

何よりも、３月14日は福島第一原発３号機の爆発があった日です。普通で

（※２）
火力発電所
石炭、石油、天然ガスなど化石燃料を主原料とする火力発電設備。１９７９年、第２次石油危機を受けて、ＩＥＡ閣僚理事会において石油火力発電所の新設禁止が盛りこまれ、日本でも原則として石油火力発電所が新設できない。

あれば爆発のニュースがトップにくるはずですが、メディアは実施する必要のなかった計画停電を大きく扱ってしまったのでした。

さらに驚いたのは、3月17日夕方に海江田万里経済産業大臣（当時）が、

「大規模停電が起きる恐れがある」

という発表をしたことです。そのためピーク時に民間鉄道会社は間引き運転（※1）を行ないました。ピーク時に間引き運転をすれば、当然、大混雑となり、人々は混乱します。また、同時にこう思うはずです。

「やっぱり電気がないとダメなんだ。原子力発電所は必要だな」

しかし、発電した電力のうち、余った電気は使われずに捨てられます。結果として計画停電が実施された時期の電力需給を見ると、停電をしなくても十分に電力をまかなえたことがわかるのです。

「計画停電そのものが無意味で、しかも東北の被災地には東京から電力を送ることができない」

この正しい情報が新聞・テレビによって遠慮がちに伝えられたのは、計画停電から半年以上経った秋でした。それではなぜ、既存メディアは事実を報じることができなかったのか。それは私が東京電力との記者会見で行なった

（※1）
間引き運転
東日本大震災による原子力・火力発電所の被災を受けて、電力不足に対応するため、鉄道会社を中心に運転本数を減らす対策がとられた。ＪＲ東日本が間引き運転を終了したのは事故半年後の9月9日。

（※2）
阪神淡路大震災
１９９５年1月17日に発生した兵庫県南部地震にともなう大規模地震災害。兵庫県を中心に、大阪府、京都府など都市部が被災し、死者６４３４名ほか家屋倒壊など大きな損害を与えた。

次のようなやりとりを見ればわかるでしょう。

「東電管内の大口事業主などに対しては節電や停電の協力を呼びかけていますが、なぜ、電力消費量の多い民放テレビにはお願いしないんですか？」

実は、阪神淡路大震災（※2）の時も、柏崎刈羽原発事故の時も、テレビは停波するなどして節電に協力しています。また、民間放送は民鉄会社よりも電気の使用率が高いのです。私が「それはおかしいのではないか」と聞いたところ、勝俣恒久会長はこう答えたのです。

「明日、新聞の一面広告とテレビのコマーシャルを始めますから」

私ははじめ、なんのことを言っているのか理解できませんでした。しかし、その日の夜、情報源の一人からの電話でようやく勝俣会長の言葉の意味に気づいたのでした。

「あれ、勝俣さんは君のことを脅していたんだよ。きっと君のことを新聞記者かテレビの記者と勘違いしていたんだろうな。今まで批判的な質問などされたことがなかったから、広告費をちらつかせて脅したつもりだったんだろう」

広告費をちらつかせれば黙ると思われている。マスコミもずいぶんとなめられたものです。

東電は節電で対応できるにもかかわらず、「計画停電」という最低の政策を政府に認めさせ、一般庶民のみならず日本経済に打撃を与え続けました。震災で困惑している国民に存在意義を見せつけようとしているのですが、そのやり口はあまりに卑劣といわざるをえません。

◆ほとんど放送されなかった3号機爆発の映像

「(3号機爆発で)大きな問題にはなりません」のウソ

2011年3月14日午前11時

◆テレビではほとんど放送されなかった3号機の爆発

福島第一原発の3号機が爆発したのは3月14日午前11時半の頃でした。その直後の記者会見で、枝野幸男官房長官は次のように発言しています。

「放射性物質が大量に飛び散っている可能性は低いと認識しています」

また、枝野官房長官はこうも言っています。

「大きな問題にはなりません」

しかし、海外では当然ながら「それはないだろう」というトーンで報じられていました。また、現場に取材に入っていたフリーランスの記者たちも同じ認識でした。なぜなら、彼らが持ちこんだガイガーカウンターは、それまでに経験のない高い数値を示していたからです。

現場に入ったフリーランスや海外メディアの記者たちは、おもにインターネットを通じて即座に情報を発信していきました。彼らは現場に入っているため、自分の取材をもとにして、

「少なくない放射性物質が出ている」

と報じました。そして放射能に対する耐性が相対的に弱い子どもや女性だけでも避難するように呼びかけたのです。

ところが、冒頭の項で触れたように、日本の新聞・テレビは事故直後、現場にはいませんでした。社の内規で原発事故発生時は、原発から一定の距離を保って退避するよう決まっているからです。そのため現場の状況がわからず、政府が発表する「安全です」「大丈夫です」という言葉を鵜呑みにして報道することしかできませんでした。

実は3号機が爆発する様子は、日本のテレビではほとんど放送されていません。撮影したのは福島中央テレビ（※）です。私の知る限り一度だけ日本

（※）**福島中央テレビ**

日本テレビ系列。1970年開局。地震直後から津波被害を報道。また、地震翌日の3月12日、福島第一原発の1号機で水素爆発が起きた瞬間を日本のメディアで唯一撮影に成功。

テレビ系列のニュースで放映されましたが、その後はほとんど流れることがありませんでした。なぜなら、そこにはとんでもない爆発の様子が記録されていたからです。

◆環境基準の10万~100万倍もの放射能が飛散した!

3月12日に起きた1号機の水素爆発は、煙が横にサッと広がっていく映像でした。しかし、3号機の爆発は明らかに1号機とは様子が違ったのです。まず、3号機の下部に閃光が光りました。その後、黒い煙が雲を突き抜けて、上空数百メートルぐらいまでボーンと黒いキノコ雲が上がりました。日本の皆さんはあまりご覧になっていないと思いますが、海外ではこの爆発の模様が何度も流れています。また、ユーチューブ(※1)などを通じて、インターネットでは何度も再生されています。そのためインターネットから情報を得ていた人たちと、新聞・テレビから情報を得た人たちとの間には大きな温度差が生まれることになりました。

海外メディアが3号機の爆発に敏感に反応したのには理由があります。それは福島第一原発3号機がMOX燃料を使っていたからです。MOX燃料に

(※1)
ユーチューブ(You Tube)
世界最大の動画共有サービス。誰でも無料で自由に動画をアップロード、閲覧ができるため著作権の侵害が問題視される一方で、いじめや行政の不正を告発する映像などが流れ、社会的議論を巻き起こす契機にもなってきた。

(※2)
プルトニウム
アクチノイド元素の一つ。元素記号「Pu」。自然界にもわずかに存在す

は毒性の高いプルトニウム（※2）が含まれるため、3号機が爆発した瞬間に「大変なことが起きた」と受け止めたのが海外のメディアなのです。

実際、これも前述の通り3月12日～16日には、環境基準の10万～100万倍もの放射性物質が降り注ぐ結果となりました。そしてその事実は海外ではその日のうちに報道されています。しかし、日本では放射能汚染の数値、放射能汚染の拡散がどのようになっているのかは、ただちに発表されませんでした。なぜか日本だけは、発表まで数カ月も待たされたのです。

◆イランや北朝鮮を批判できる資格のない日本の既存メディア

世界各国の政府は、事故発生直後から、日本滞在中の自国民に対して80キロ圏外に退避するよう勧告を出していました。これはIAEA（※3）など国際機関の勧告にもある通り、原発事故が起きた際には80キロ圏外（50マイル（※4）圏外）に一旦退避し、安全を確認できたら戻るという方針があるからです。

今回の原発事故で、なぜ日本はそうした国際基準に従わなかったのでしょうか。そして日本の新聞やテレビは、なぜ、そうした政府の姿勢を厳しく追

るが、原子力発電で使うプルトニウムは人工合成されたもの。半減期は約2万4000年。プルート（冥王星）にちなんで命名された。

（※3）
IAEA
国際原子力機関（International Atomic Energy Agency）の略。1957年に発足。原子力の平和利用の促進、軍事への転換の抑止を目的とした国際機関。

（※4）
マイル
アメリカやヨーロッパの一部で古くから使われていた距離の単位。1マイルは1609・344mなので、50マイルは80・4672km。

及しなかったのでしょうか。

　考えてもみてください。これまで日本のメディアはイランや北朝鮮がＩＡＥＡの査察を受け入れないと、「ＩＡＥＡの勧告に従え」と批判してきたはずです。あの批判はなんだったのでしょうか。

　今回だけは「日本の基準が正しい」とばかりに日本政府の言い分を垂れ流した理由を、日本のメディアには明らかにしてもらいたいものです。

過去の事例では説明のつかないことが福島で始まっています。瓦礫の問題や止まらない放射能漏れなど、未解決の問題が山積です。人類がかつて経験したことのない放射能事故が日本で起きているにもかかわらず、その認識が日本人、特にメディアにいまだ薄いようです。

◆「安全・安心」デマを振りまき続けた枝野官房長官の記者発表

「ただちに健康に影響はありません」のウソ

◆世界とはあまりにもかけ離れた日本の判断基準

　多くの方はご存じないかもしれませんが、3月11日の震災発生直後からの数日間、記者クラブに所属しないフリーランスの記者やインターネットメディアの記者、海外メディアの記者たちは、首相官邸での記者会見に入ることができませんでした。記者クラブと政府によって、会見の場から排除されていたからです。

　震災後、私のようなフリーランスの記者が首相官邸の記者会見に参加できたのは3月18日です。すでに震災から1週間が過ぎていました。

この時、私は枝野幸男官房長官に次のような質問をしています。

「本日、オバマアメリカ大統領は在日米国人に対して、福島第一原発の80キロ圏外に出るよう指示を出しています。80キロは50マイルで、世界中の政府が最低限の基準としているものです。ということは、オバマ大統領や各国の首脳が言っていることが間違いなんでしょうか」

私が「間違いなんでしょうか」と聞いたのは、当時の日本の避難区域が20キロ圏内だったからです。つまり、海外の基準でいけば80キロなのに、日本では20キロになっている。その間の20キロから80キロ圏内に住んでいる人たちは不安ではないか、という観点から質問をしたのです。

枝野官房長官の答えを簡単にまとめると、次のようなものでした。

「それぞれの政府が外国における自国民保護の観点から判断するものであり、日本の場合とは判断基準が違うので問題ありません」

そこで私は質問を重ねました。

「1週間前、枝野長官は3キロ圏外への待避とおっしゃいました。それが次に10キロ、その次に20キロ、またその次に自主避難の30キロと徐々に範囲を拡大していきました。それが国際的にも不信感を生む結果となって、住民も不安になっているのではないでしょうか。政治は結果責任です。このような形で不信を世界に広めていったことは、結果として、枝野長官がデマを広げたことと変わりありません。間違えたら訂正するべきです。長官、間違えたと今ここでおっしゃってください」

つまり私は「より広範囲の退避を行なうべきではないか」という提言的な質問をしたわけです。しかし、枝野官房長官の態度は頑《かたく》なでした。

「私は、事態の状況に応じて、その時点で必要とされる判断を専門家の皆さんの意見を踏まえて、政府として判断したものを伝えさせていただいております。この間、事態は変化をしてきています。それぞれの状況、現状を踏まえて、万が一悪くなることも想定しながら、その時点で取りうる策を指示しているのであって、状況が1週間前と同じであるならば、それは1週間前の判断が間違っていたということだと思います」

枝野官房長官はそう答えた後、私がさらに質問を重ねるとこう言いました。

「ペーパーを出して質問してください」

私はこの枝野官房長官の回答を聞いて、「この人は危機管理において自国民を守るという意識のない人だな」と確信しました。

◆枝野官房長官は自らの政治責任を回避し続けた

実はこの時期、文部科学省がひた隠しにしていたSPEEDIの全データは官邸に報告されていました。しかも「壊れた」と言われていたモニタリングポスト（※1）の数値も、実は事故発生直後から代替の車載器（※2）などによって計測され、官邸には情報が上がっていたことがわかっています。

しかし、枝野官房長官はそうした危険な数値を知りながら、「情報が確実ではない」と言って発表を控えたのです。それどころか、「ただちに健康に影響はありません」という「安全デマ」「安心デマ」を振りまき、自らの政治責任を回避し続けたのでした。

結果として、その判断が間違いだったことは枝野官房長官も認めています。それは福島原発の事故を「レベル7（※3）」に引き上げた原子力安全・保安院の4月12日の発表をふまえた14日の会見のことでした。その日の記者

（※1）
モニタリングポスト
空気中の放射線を24時間自動で監視する装置。原子力発電所の周辺に設置されているほか、福島第一原発事故の影響で、自治体が独自に設置するケースが増えている。

（※2）
車載器
自動車に積んで稼働しながら使用する機器のこと。車に放射線測定器を積んで車両位置情報サービスと連動させることで、モニタリングポスト未設置地域でも放射線量が測れる。

（※3）
レベル7
国際原子力事象評価尺度（INES）で規定し

会見で、枝野官房長官は次のように述べています。

「今回出た京《けい》レベル（※4）のベクレル数になるというような推定、推測の話は3月中に報告を受けていました。ただ、まさにその数値が確実性のない数字ではなくて、かなり確からしい数字であることがようやく確定したので、それを受けてレベル7への引き上げを行なったということです」

この間、日本の新聞やテレビは枝野官房長官の発表に従って、「安全です」「問題ありません」「ただちに健康に影響はありません」と言い続けてきました。それを聞いて国民はみんな安心して過ごしたわけです。

しかし、実際には3月15日、16日に非常に高線量の放射性物質が外部に降り注いでいます。3月23日前後には東京にも飛んできています。その数値は環境基準の10万倍～100万倍にも上ります。

それは雨となって降ったものもあれば、風に乗って飛んできたものもあります。その結果、各地にホットスポット（※5）もできたのです。

◆自分の身を守るための方法は自らの「行動記録」だ

仮に「ただちに」健康被害が出なかったとしても、将来的に被害が出ない

た、原子力事故・故障の評価の尺度を示す8段階の指標の中で、最高レベルを表す「深刻な事故」のこと。

（※4）
京レベル
1京ベクレルは1万テラベクレル。ベクレルは放射線量の単位。福島第一原発事故で放出された放射性物質の放射線量は1週間で70京ベクレルを超えたと推定される。

（※5）
ホットスポット
もともとは地学用語。環境分野では、汚染物質が大気や海洋に流出したときに、地形や気象で、汚染物質の残留量が他の地域と比べて特別に高くなった地帯のことを指す。

という保証はどこにもありません。そこに対抗する手段はただ一つです。

それは自らの記録だけです。政府はきっと同心円で20キロ圏内の人には補償しますと言うでしょう。つまり、東京・埼玉で被曝した人は完全に無視されてしまうわけです。それを防ぐためにも、3月11日を境に、自分の行動記録をすべて残しておく以外に方法はありません。

とくに若い人はやっておかないと、将来健康被害が出た場合に、とても厳しい状況になります。とりわけお子さんをお持ちのお母さん、お父さんは、お子さんのためにも残していただきたいと思います。自分たちが世の中を去り、子どもが成人してから健康被害が出る可能性もあります。

その時に「ごめん」ではすまないのですから。

最終的に、チェルノブイリ事故による退避地域は半径300キロまで広がりました。日本でいえば神奈川県小田原市までです。各国政府が早い段階で自国民に対して「東京・横浜以西への退避勧告」を出したのは、おそらくチェルノブイリ級の最悪の事態を想定したのでしょう。

◆日本政府が発表したデタラメの「飛散マップ」

「東京などに放射能が行くということは考えられません」のウソ

◆日本では放射能は同心円状に飛ぶ!?

枝野幸男官房長官は震災発生から1週間の間に、39回の記者会見を行ないました。これは事実です。そのためマスコミからは「不眠の英雄」ともてはやされ、ちょっとした人気を集めていました。

しかし、枝野官房長官が記者会見で言ったことにはたくさんのウソが含まれていました。そのなかの一つに、

「東京などに放射能が行くということは考えられません」

というものがあります。原発事故で放出された放射能は、雨雲や風などによって、関東全域に大きく飛散したのです。

とくに2011年3月末には、北から吹く風に乗ってきた放射性物質が雨と共に東京に降り注ぎました。これは海外では報じられましたが、東京に住んでいる人のなかには知らない人も多くいます。

これには理由があります。当時の日本の政府は、放射能は同心円状に飛ぶという想定しかしていなかったからです。原発から20キロ、30キロと、同心円状に避難区域を拡大していきました。そのため、東京都民に注意を促すことなど考えもしなかったのです。

世界的には放射能は花粉などと一緒で、風に乗ったり、雨に乗ったり、地形によっていろんなところに飛んでいくと考えられています。それはチェルノブイリ原発事故の時の飛散マップを見ればわかります。

しかし、今回の原発事故をめぐる政府やマスメディアの発表を見ていると、彼らが「日本の放射能は同心円状にしか飛ばない」と信じていたとしか思えないのです。

◆真実を訴える者は新聞・テレビから消される

もう一つ、わかったことがあります。それは「日本の放射能は県境を認識する」ということです。福島県内で飛んで、県境に差し掛かると、なぜかそこから先へは飛ばないことになっていました。

しかもその放射能は、不思議なことに稲わら（※）だけにつくと思われていたようです。そして放射能がついた稲わらを食べる牛だけが汚染されるかのような報道がなされていました。これは非常に奇妙な現象です。しかし、日本では実際にこのような報道がなされていたのです。

その時、海外メディアやフリーランスの記者たちは「そんなことはない。放射能は同心円には飛ばないし、いろんなところに飛ぶ」と当たり前のことを報じていました。原発から200キロ以上離れた東京にも飛んでくると早くから言っていました。

しかし、そう主張した記者たちは、既存メディアから「デマを飛ばすな」と叱られました。私の場合はここでもまた、「デマ杉」という名誉あるレッテルを貼られました。

そして原発事故は「危険だ」ということを発信していた人物は、事実上、

（※）**稲わら**
稲・小麦等、イネ科植物の茎のみを乾燥させた物。

新聞・テレビなどから姿を消しました。そういう人は皆さんの目にとまらなくなったわけです。

◆自分で合理的に判断するための情報を!

私はかつて、朝日新聞や毎日新聞でも連載を持っていましたし、TBSラジオも次の1年契約が決まっていました。しかし、突然、3月でTBSラジオを降板することになったのです。

日本の大手メディアが「安全だ」と言っているものに対して歯向かう人間は表舞台から消されてしまったわけです。これはまるで戦前の大本営に似ています。「日本は負ける」「戦争はやめたほうがいい」と言った人たちは「非国民」というレッテルを貼られて消えていきました。

今回も同じです。「関東でも放射能が飛んでいる」と私が言うと、いくら実際に飛んでいても「不謹慎だ」「風評を煽《あお》るな」と責められました。その状況は現在に至るまで、ずっと続いています。

日本の何がおかしいかといえば、やはり、言論が一色に染まってしまうことだと思います。海外メディアでは、多様な意見を報じるのが普通です。すべての社が横並びで報じるということもありません。事実は一つでも、その見方は多様でいいからです。だから「安全だ」というメディアもあれば「危険だ」というメディアもあります。社会には両方の意見もしくは多様な言論が流通しているため、それを受け取る読者や視聴者も冷静に判断できるのです。

「こういう見方もあるのか」
「あっ、ここまで安全なんだ」
「いや、もう危険かもしれない」

海外では、それぞれが自分で合理的だと判断するための情報を、新聞やテレビが幅広く提供しているのが実情です。

しかし、残念なことに日本にはそれがありません。まるで言論は一元化されなければならないかのような風潮があります。これはとても不健全なことです。

答えは誰かに与えられるのではなく、自ら選択する。それが民主主義国家のあるべき姿ではないでしょうか。

記者クラブメディアと官僚機構が結託することで形成される「官報複合体」が、その組織防衛のために国民の生命を蔑ろにしました。それは組織人としては正しい選択だったのかもしれませんが、人間としては断じて選んではならない道だったのではないでしょうか。

◆アメリカ80キロ、日本30キロはどっちが世界基準か

「30キロの避難地域以外は、大丈夫」のウソ

2011年3月16日

◆60カ国以上が出していた避難勧告

世界中の人々のなかで、日本人だけが飛び抜けて放射能に対する耐性が高いのでしょうか？　決してそんなことはありません。

しかし、3・11以降の日本政府の対応を見ていると、私はそんな錯覚に陥ってしまいます。

福島第一原発事故の発生後、日本政府は避難区域を2キロ、3キロ、10キロ、20キロ、そして一部自主的な避難も含めた30キロへと徐々に拡大してい

きました。しかし、世界各国の対応はまったく違ったのです。

少なくとも2011年3月16日の段階で23カ国、3月23日の段階では60カ国以上の政府が日本にいる自国民に対して国外退避ならびに福島からの避難を勧告していたのです。国によっては命令に近い退避勧告を行なっていました。これはアメリカ、イギリス、フランスのみならず、タイや中国、クロアチア、ブラジルなど、本当に多くの国々が「日本から出ろ」と勧告をしていたわけです。

アメリカの場合は軍人に対し「80キロ圏外に退避」するよう勧告を行ないました。民間人に対しては「横浜・東京以西、もしくは以南」という言葉を使った国もありますが、「逃げなさい」と指示を出していたわけです。そして、子どもと女性に関しては、無料のチャーター機を用意するので国外へ脱出してくださいと伝えていました。

実際、アメリカのチャーター機、フランスのチャーター機、スイスのチャーター機がやって来ました。そして子どもと女性だけは優先的に日本から退避したわけです。その後も国外への自国民の退避を呼びかけ続け、大使館機能を一旦大阪に移す国もありました。これが3月中に日本を除く世界のすべての国々がとった対応です。

その当時、私はこのことをラジオで言い、自分のメールマガジン（※）でも書きました。しかし、私は事実を書いただけなのに「デマ野郎」と言われてしまったのです。これは各国のホームページを見ていただければわかる通り、すべて事実だったにもかかわらずです。

◆日本の避難範囲は世界でも珍しいものだった

ひるがえってその頃、日本政府はどのような対応をしていたでしょうか。

「放射能漏れはありません」

「格納容器は健全に守られています」

「風評やデマに惑わされずに、逃げたりしないでください」

結果的に避難区域は30キロまで拡大されましたが、これは世界でも珍しい避難範囲です。前にも述べたように世界基準は80キロですから、少なくとも50キロの差があるわけです。

当時、原発から30キロ～80キロ圏内には多くの日本人がとどまっていました。今は高い線量が確認されている福島県飯舘村もその範囲に入っていました

（※）**上杉隆のメールマガジン**
「上杉隆の東京脱力メールマガジン」。政治からゴルフまで大手メディアが取り上げることのできないニュースを「まぐまぐ」で配信中。

◉福島第一原発事故で3月、避難・屋内退避指示が出た範囲

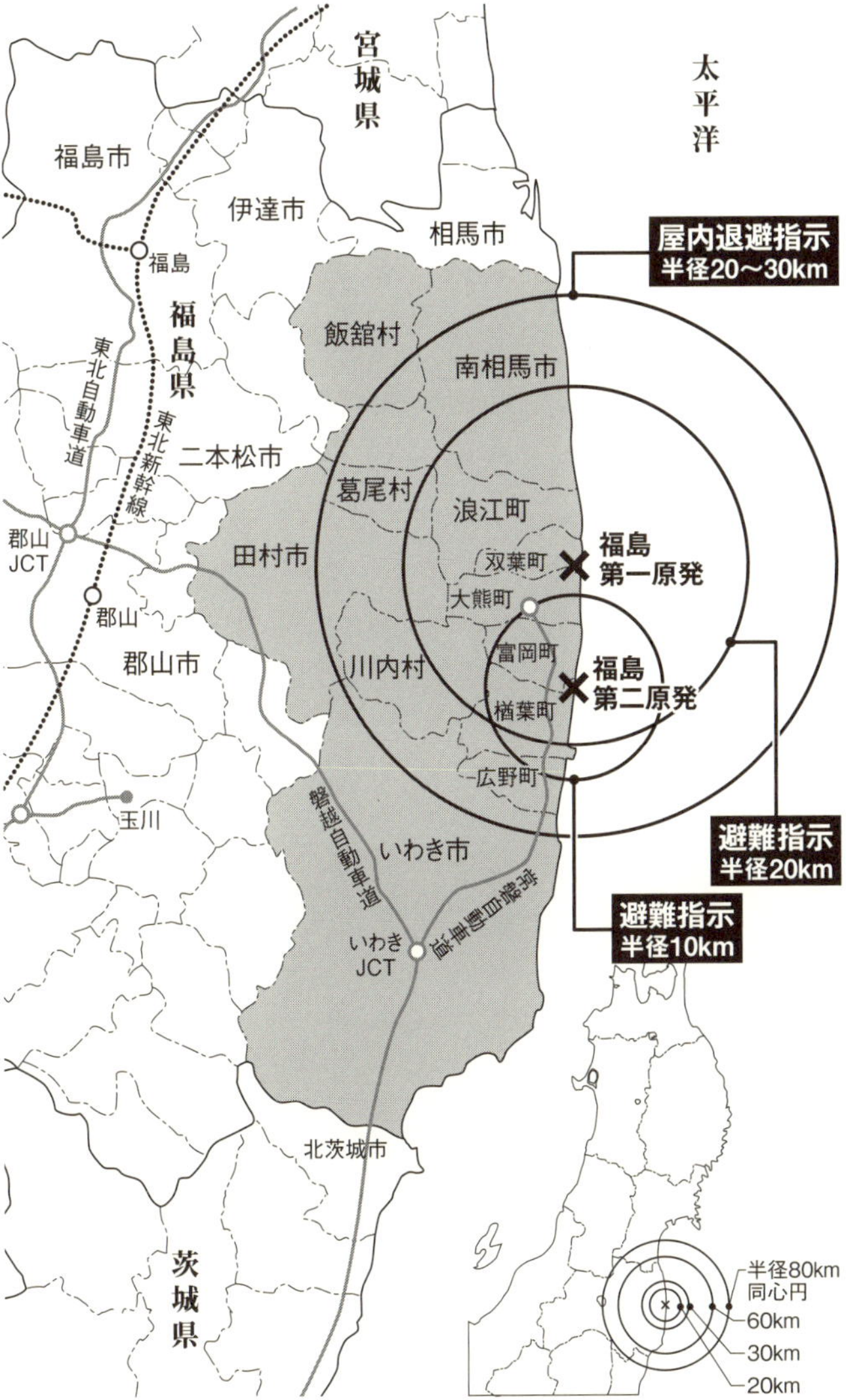

た。そしてそこには国際NGO（※）や海外メディアの記者、フリーランスのジャーナリストたちがガイガーカウンターを持って続々と入ったわけです。

そこで何が起こったか。ガイガーカウンターの針が振りきれるほどの高い線量が計測されたのです。そこで海外メディアでは、

「大変な状況になっている」

という報道一色になったわけです。

それに対して日本の新聞・テレビの対応はどうだったでしょうか。

「安全です」

「問題ありません」

「ただちに人体に影響するものではありません」

そんな「安全・安心デマ」を振りまいていたのです。そして素直な日本人は、日本のメディアの報道を信じてみんな安心して過ごしていたわけです。

◆母乳からセシウムが検出、普通の国であれば大ニュース！

しかし、実際には3月半ばには、非常に高線量の放射性物質が外部に降り注ぎました。3月下旬には東京や埼玉にも環境基準の10万倍から100万倍

（※）
国際NGO
世界規模で多面的に活躍する非政府組織。国境なき医師団、グリーンピースなど。

という高レベルの放射性物質が降り注ぎました。日本の新聞・テレビの報道を信じて避難しなかった人々は「しなくてもいい被曝」をする結果になってしまったのです。

そして3月の段階で、茨城県や千葉県のお母さんたちの母乳からセシウムが検出されています。福島では、調べたらすべての人から出てしまったために検査結果は発表されませんでした。しかも、検査をした本人に知らせることもありませんでした。

さらに5月には調査をした500人中450人、じつに9割の子どもたちの尿からセシウムが検出されています。

普通の国であれば大ニュースになるはずですが、日本では小さな扱いしかされません。なかにはこの事実を報じない新聞すらありました。

「せめて子どもとお母さんだけでも逃がしてほしい」

これは3月以降、私がずっと言ってきたことです。原口一博衆議院議員も首相官邸に乗り込んで菅直人総理に訴え続けていました。

また、衆議院の科学技術・イノベーション推進特別委員長を務めていた川内博史衆議院議員は、

避難地域は20キロと、「安全デマ」を報じ続けている当の記者たちが50キロから内側に入らない。だったら、「50キロより外に出た方がいい」「私たちも避難している」と報じるべきではないのか。安全な場所に逃げながら「安全だ」と報道するのは、あまりにおかしい。

「ＳＰＥＥＤＩ（※）を公開してくれ。これを見て判断しよう」

と強く主張していました。

そして動物の避難については高邑勉衆議院議員が提言をしていました。

こうした人々は何人もいました。しかし、日本の既存メディアはこれらの人々の意見を取り上げませんでした。新聞にコメントも載らず、テレビ画面からも消えました。そして「変な政治家」というレッテルを貼ったのです。

それだけではありません。私自身もそうでしたが、次々と放射能の危険性を訴えるコメンテーターやジャーナリスト、記者たちを番組から降ろすということもやり始めたのです。それは学者でもそうでした。

「放射性物質の飛散が始まっているぞ」

住民のために警鐘を鳴らすような人物を一度でも出演させると、すぐに放送局の幹部から部下へ注意が下されました。そして「あいつを出すな」という内部の自主規制を始めたのです。

その結果、日本の新聞・テレビには「安全です」「心配することはない」という説を展開する人だけが残りました。少しでも違う意見が世の中に伝えられていたらと考えると、非常に残念でなりません。

（※）
SPEEDI
緊急時迅速放射能影響予測ネットワークシステム。原子力発電所などから放射性物質が放出されたとき、大気中への飛散状況を予測するシステム。原子力安全技術センターが運用。

◆損害賠償に関わる政府・東電の言い逃れ

「未曾有の…」「想定外の…」のウソ

2011年3月17日

◆原発事故の始まりは津波ではなく地震からだった

福島第一原発事故について言及する時、政府も東京電力も必ず使っていた言葉があります。それは、

「未曾有の事態」

「想定外の事故」

という二つの言葉です。この言葉が使われたのには理由があります。それは「原子力損害賠償法」の規定と深い関わりがあるからです。

原子力損害賠償法には「未曾有の」「想定外の」という言葉がつくほどの天災や戦争などによって事故が起きた場合には、事業者である東京電力は事故の損害に関わる賠償から免責されるという規定があるのです。これは私を含めた多くのフリーランスの記者、海外メディアの記者、インターネットメディアの記者たちが、その問題点をずっと指摘していたことでした。

悪法といえども法は法ですからしかたがありません。しかし問題は「未曾有の」「想定外の」という言葉が本当なのかどうかということです。

私を含めたフリーランスの記者たちは、東京電力の会見で何度も追及を重ねました。そして3月下旬、ようやく東京電力も「津波ではなく、地震が元で原発が壊れ、そしてメルトダウンが始まったのではないか」というところを半ば認めかけていたわけです。

今回の事故では、地震によって1号機の横の鉄塔が倒れ、電源系統を失っています。そのため緊急冷却装置(※)が作動せず、その40分後の津波で残りのすべてを失ったというところまでは認めたわけです。

◆東電支援は本当に当然なのか

(※)
緊急冷却装置
原子炉を冷却する装置が作動しなくなり、炉心から冷却水が失われる事故が起きたとき、緊急に水を炉心に送り込むための装置。非常用炉心冷却装置(ECCS)と非常用復水器(IC)がある。

福島第一原発のある福島県双葉郡大熊町の揺れは震度6程度でしたから、「想定外」ではありません。しかし、それでは原子力損害賠償法の免責規定が使えません。そこで政府も東京電力もあわてて「想定外の津波だ」と言い繕い始めたのです。

そして、既存メディアによって東京電力が発表する情報しか伝えられなかった国民の多くは、「想定外の津波による事故ならしょうがない」と騙されてしまいました。東京電力を救って、国民みんなで負担しましょうという流れができたのです。

２０１１年12月になると、今度は国から東京電力へ６８９４億円の追加支援も決定されてしまいました。これは今後、もっと増えていくことが予想されます。数兆円どころか数十兆円の国民の税金が必要だとも言われています。

これはとんでもない話です。要するに東京電力が勝手に事故を起こして情報隠蔽をして、そのコストを電気料金に上乗せをした上に、さらに損害賠償は国民の税金で払ってくれと言っているにすぎません。

しかし、新聞・テレビはそのなかに自分たちへの広告費が含まれているため、本当のことを言いません。

「東京電力をみんなで助けましょう」

「東京電力を救済しなければ賠償はどうなるのか」

「被災地の皆さんに渡すんだから東電支援は当然だ」

ということを言っています。

もちろん被災地の皆さんに渡るのであればまだ納得できます。しかし、実際には東京電力にお金が入ることになるのです。

◆テレビが突然原発事故の検証番組を作った理由

実は今回の福島第一原発の事故は「想定外の津波」によって起きたものではありません。しかし、そのことを指摘すると、東京電力からの莫大な広告費をもらっている新聞・テレビは大きな収入源を失ってしまいます。だから新聞・テレビは本当のことを伝えないのです。

日本では、ジャーナリズムよりもお金が優先するということがずっと続いています。それは「原子力ムラ（※）」の中心である電力会社に、自分たちの存在意義を委《ゆだ》ねてしまっているからです。

（※）
原子力ムラ
原子力発電・産業の利権にかかわる、電力会社、プラントメーカー、監督官庁、大学研究者、マスコミなどが仲間意識で結びつき、なれ合い的な集団を形成していることを揶揄する言葉。

そのため新聞・テレビは電力会社を批判できなくなってしまいました。事故から9カ月以上経ってからテレビが東京電力に批判的な検証番組を作り始めたのは、単に広告主としての東京電力に旨《うま》みがなくなりつつあることに気づいたからにすぎません。

そういう意味では、原子力損害賠償法をうまく利用しようとした東京電力、政府、大手のメディアの手法はお見事というほかありません。しかし、その犠牲者は実は納税者である国民なのです。

自らは安全地帯にいながら、視聴者（読者）には本当の情報を知らせず、危険に晒させた大手メディアが始めた「検証報道」は、都合の良い「訂正報道」にすぎない。やるべきは、3・11からの1週間に報じた番組（記事）をそのまま再放送（再掲）することでしょう。

◆政府が発表する「冷温停止状態」の無謀さ

「原子炉の冷却に成功しました」のウソ

2011年3月19日

◆「冷温停止」という言葉は成立しない

東京電力は2011年3月19日の段階で、「福島第一原発の冷却に成功した」と言っていました。しかし、これは明らかなウソでした。当時、私は東京電力の記者会見に出ていましたが、その時の東京電力の説明は次のようなものでした。

「冷却作業に成功したというのは、燃料棒（※1）が水の下に完全に埋もれ

（※1）
燃料棒
核燃料を1cmほどの円柱状に焼き固めた燃料ペレットをジルコニウム合金製の燃料被覆管で包んだ棒状の器具。複数本束ねられて燃料集合体を構成し、炉心部で発熱してエネルギーを生む。

たということです」

これのどこがウソだかわかるでしょうか。そもそもこの状態を「成功」と言ってしまったら、「水をずっと注入している間は大丈夫」ということになってしまうのです。

そこで私を含むフリーランスの記者たちが、

「これではとても冷却に成功したとは言えないでしょう」

と反論したら、その後、しばらく「冷却に成功」という言葉は出てこなくなりました。

ところが今度は言葉が変わりました。「冷却」ではなくて「冷温」という言葉が使われ始めたんです。「冷温停止」の本来の意味は、「継続的な安定冷却により原子炉内の水の温度が100度未満を保ち、放出される放射性物質量が大幅に減少した状態」のことです。しかし、すでにメルトダウン、メルトスルー（※2）している状態では、「冷温停止」という言葉は成立しません。つまり、状況は全然良くなっていない。それなのにメディアは東電・政府と一緒になって、あたかも状況が好転しているような印象を与える言葉でごまかし続けてきたのです。

（※2）
メルトスルー
炉心溶融によって溶けた燃料が原子炉を溶かして格納容器内に流出すること。さらに格納容器を破って外部に流出することを「メルトアウト」という。

政府は後になってメルトダウン、メルトスルーを認めます。しかし、その時はまた「冷温停止状態」という新しい言葉を作って国民を騙し続けてきました。これは「冷温停止」とは明らかに違うにもかかわらず、です。

◆明らかにおかしい「収束宣言」

2011年12月16日、日本政府は福島第一原発が「冷温停止状態」になったということで「収束宣言」を行ないました。

しかし、現実はとても「収束」と呼べるものではありません。自由報道協会の創設メンバーでもあるビデオニュース・ドットコム（※1）の神保哲生《てつお》氏が、野田佳彦（※2）総理の記者会見でこの点を質問しています。

そもそも「冷温停止状態」の根拠とされたのは「圧力容器底部の温度」です。ここを測って判断したというのが政府の見解です。

しかし、福島第一原発はすでにメルトダウン、メルトスルーをしたということを政府自身が認めています。つまり、燃料棒が圧力容器の外に出てしまっていますから、温度が下がるのは当たり前なのです。

また、政府と東京電力が4月に発表した最初の工程表では、メルトダウ

（※1）**ビデオニュース・ドットコム**
ビデオジャーナリスト神保哲生が設立した日本ビデオニュース社が運営するニュース専門インターネット放送局。広告に依存しない独立系の民間放送局を標榜し、会員の視聴料のみで運営。

（※2）**野田佳彦**
第95代内閣総理大臣、第9代民主党代表。1957年千葉県生まれ。千葉県議に29歳で当選。1993年衆議院議員に立候補し初当選。2011年9月2日現職就任。どろくさい政治手法を自ら「どじょうの政治」と命名。

ン、メルトスルーを認めていませんでした。その工程表に基づいて収束宣言を行なうのは違和感がある、と神保氏は質問したのです。

それと同時に、「そもそも燃料棒はどこに行ったのか。それを把握していないのに『冷温停止』というのは国際的にもおかしいんじゃないか」と、質問したわけです。

そもそも「冷温停止」という言葉は、原発が通常運転している時にしか使わない言葉で、事故の時には使いません。

その疑問に対して、野田総理は1つ目の質問はごまかして、2点目の質問には答えませんでした。私は野田総理の正面に座っていたので、総理に向かって、

「総理、燃料棒を答えてませんよ」

と言ったのです。すると総理は私の声が聞こえないふりをしました。

「燃料棒に答えてないじゃないか」

私がもう一度声を上げると、総理会見の司会進行を担当する千代《ちしろ》幹也内閣広報官が、

「はい、次の方。読売新聞さん、どうぞ」

と次の質問に移ろうとしました。そこで私はさらにもう一回、

「燃料棒に答えてないよ」

と言ったのです。すると、また総理がこっちを向いた。答えるかな、と思ったら、千代氏が、

「運営に従ってください」

と言って強引に次の質問に移してしまいました。

◆ウソやごまかしがバレる時代に

こうした事態は、10年前であれば、まったく検証できなかったと思います。しかし、今はインターネットメディアによって、記者会見を生中継で見ることもできますし、過去の記者会見を後から見ることもできます。つまり、東京電力や政府のウソを、後から誰でも検証可能になっています。

そのため、既存メディアが権力と一体化して作ってきたウソやごまかしがバレる時代になりました。これは既存メディアにとっては苦しい時代ですが、日本にとっては社会が健全な方向に向かい始めたことの現れだと思います。

今後はこのようなごまかしやウソが社会に流通しても、ＳＮＳや動画サイトなどのインターネットによって淘汰されていくでしょう。

ごまかしに気づいた政治家たちが「政府が流している情報はウソなんだ」と発信することも可能になりました。つまり、新聞・テレビとは違うインターネットという情報の流通チャンネルができたことで、これまで社会には出にくかった情報を発信できる時代になったのです。これはまだまだ小さな流れではありますが、しだいに大きな流れになっていくと思います。

インターネットメディアによって、東京電力の記者会見もニコニコ動画ならびにユーストリームなどで見ることができます。つまり、既存メディアが作ってきたウソやごまかしがばれるような時代、違う情報の流れを利用して、自分で情報を修正できる時代になったのです。

◆根拠のない発言で騙し続ける科学者

「プルトニウムは飲んでも大丈夫です」のウソ

2011年3月27日

◆東電にプルトニウムの計測器がない!?

私は3月の早い段階から「プルトニウムが外部に出ているのではないか」と東京電力の記者会見で質問をしてきました。これはあくまでも質問です。しかし、当時は「プルトニウム」という言葉を出して質問をすること自体、「デマだ」「風評だ」、そして私は「デマ野郎」と糾弾されました。

それでも私はインターネットのサイト「ダイヤモンド・オンライン」やツイッターなどで発信してきました。初めの頃は、そのたびに政府の要人、官僚、あるいは大手メディアの記者たちから「あんまりそれは言わないほうがいいぞ」とお叱りの電話やメールが送られてきました。

私が何度もプルトニウムに関する質問をしてきたのには理由があります。それは福島第一原発3号機がMOX燃料を使っていたからです。

2011年3月27日、私は東京電力の記者会見でプルトニウム検出の可能性についての質問を重ねました。

「プルトニウムが出ているかどうか、東京電力は測っているんですか？」

私がそう質問すると、東京電力の武藤栄副社長はこう答えました。

「測っていません」

「なぜ測っていないのですか？」

私がそう問い詰めると、武藤副社長はこう答えました。

「東京電力には計測器がありません。これから外部の機関に依頼します」

しかし、これは明らかなウソでした。この記者会見の翌々日、枝野幸男官房長官は記者会見で、

「プルトニウムが検出されました」

と発表したのです。

3月26日は、3号機の水素爆発から10日以上が過ぎていました。MOX燃料使用の3号機から放射性ヨウ素・セシウムを検出したのならば、すぐにプルトニウムの放出を疑うのが筋ではないか。ところが、東電・政府はそうした危機意識を持ち合わせていなかったのです。

そこで私は東京電力の記者会見に行き、東電の担当者に問い質しました。

「この前は測っていないと言っていたのに、測っていたんじゃないですか」

武藤副社長の答えは、まとめると次のようなものでした。

「プルトニウムの検出については、21、22日にサンプルを採取し、その結果が23日に出ました。プルトニウムはアルファ核種（※1）なので計算に時間がかかり、28日の発表になりました」

実は、これもウソです。なぜなら私は東京電力が分析を依頼する機関のホームページを事前にチェックしており、「22時間で検出できる」と記載されていたことを確認していたからです。私がその点を追及すると、

「どこの根拠ですか？」

と東電側はとぼけました。しかし私が、

「検査機関のホームページに書いてありましたよ」

と言うと絶句して一言も発しなくなってしまったのです。

「確認させてください」

「確認するもなにも、書いてあるんですよ」

そんなやりとりを何度も繰り返した末に、ようやく自分たちがついたウソ

（※1）
アルファ核種
アルファ粒子（高い運動エネルギーを持つヘリウム4原子核）を放出する核種。ウラン238、ウラン235、ラジウム226などがある。

を認める有様でした。そしてこの不毛なやりとりをしている間も、被曝の被害は広がっていったのです。

◆放射能は本当に笑っていれば逃げるのか？

さらに悪いことに、大手メディアは明らかにプルトニウムが出ていることを知りながら、そのことを一文字も伝えようとはしませんでした。彼らは枝野官房長官が記者会見で発表してから、

「今日、はじめてわかりました」

というトーンで報じたのです。一事が万事、この調子でした。

もう一つ、日本政府と東京電力、そして大手メディアの欺瞞をあらわす良い例があります。それは、

「プルトニウムは安全です。飲んでも大丈夫です」

という斬新な主張です。プルトニウムの漏洩が発覚した時、テレビ番組に出演していたコメンテーターたちは口々にこう繰り返しました。

「プルトニウムの致死量は経口摂取（※2）で32グラムです。飲んでも微量なら影響はありません」

（※2）**経口摂取**
食べ物や水、空気などと一緒に口から体内に取り込むこと。

「プルトニウムから出るアルファ線は紙一枚で防げます」

また、東京大学の大橋弘忠教授や長崎大学の山下俊一教授（後に福島県立医科大学副学長）も同様の主張を繰り返しました。山下教授などは、

「放射能は笑っていれば逃げていきます」

などというオカルト的な発言までしていました。

笑っていれば被曝しないなどということは断じてありません。とくにプルトニウムの「致死量」のくだりについては、あくまでもプルトニウムの科学的毒性の話であり、放射能としての毒性はまったく別の話なのです。

プルトニウムの半減期（※1）は2万4000年です。万が一プルトニウムが体内に入って肺や骨などの組織に定着した場合、そこで半永久的にアルファ線を放出し続けることになります。たとえ「紙一枚で防げる」という性質を持っていても、一度体内に入って付着してしまったら意味がないのです。

◆「プルト君」がプルトニウムは安全だと証明していた

今現在でも、こうしたデマは消えていません。そのお先棒を担いでいたのは、なんといっても「プルト君（※2）」でしょう。プルト君とは、動力炉・

（※1）
半減期
放射性物質の放射能が半分になるまでの期間を言う。もっとも短いロジウム106で29・8秒、プルトニウム239で2万4000年、ウラン238は44億6000万年。

（※2）
プルト君
「プルトニウム物語　頼れる仲間プルト君」（動燃が作成した広報ビデオ）に登場するキャラクター。皮肉を込めて、プルト君のTシャツを来てMXテレビに出演したことがある。

核燃料開発事業団（現・日本原子力研究開発機構（※3））がかつて制作した広報用ビデオに出てくるマスコットキャラクターです。その広報ビデオ内では、プルト君の次のような主張が何度も繰り返し強調されていました。

「プルトニウムは水と一緒に飲み込まれてもほとんど吸収されず、体外に排泄されるから安全です」

そしてビデオ内では、プルト君の友人が牛乳のようにプルトニウムをごくごく飲み干した後、トイレに行ってすっきりした顔を見せていました。このビデオは原子力発電所の広報施設や、原発の設置された各地域の小学校に配布されていました。こうして日本人は子どもの頃から「原発は安全だ」と刷り込まれているのです。

ただし、私はプルトニウムの専門家ではありません。もしかしたら、「原子力に詳しい」と言っていた菅直人さんや、枝野幸男さんの主張のほうが正しいのかもしれません。そうであるならば、なぜ、かつて食したカイワレのようにプルトニウムを飲まなかったのでしょうか。もしプルトニウムを飲んで安全性が証明されれば、あっという間に「風評被害」など吹き飛んでいたと思います。

（※3）
日本原子力研究開発機構
日本原子力研究所と核燃料サイクル開発機構が統合して2005年10月に発足した独立行政法人。本部は茨城県東海村。

「ロシアとフランスから貯水タンカーがまもなく到着しますので、それで（放射能汚染水は）間に合います」のウソ

2011年4月2日

◆海洋汚染の事実を隠し続けた東電

2011年4月2日、東京電力は福島第一原発2号機の取水口付近から放射能汚染水が大量に海に流出している写真をいきなり公開しました。それは官邸が発表した「漏れている」というレベルではなく、大量の水が流出している写真でした。

驚いたのは、その流出経路を調べるために東電のとった対応です。東電がトレーサー（※1）として使ったのは、市販の白い入浴剤でした。

（※1）**トレーサー**
液体、気体などの流れ、あるいは、代謝や化学変化によって移動する物質を追跡するために使われる添加物。

（※2）**吸水性ポリマー**
高い水分保持性能を持つ高分子製品。紙おむつや保冷剤、生理用ナプキンの吸収体として利用される。ポリアクリル酸ナトリウムが原料。

（※3）**トレンチ**
堀や溝のこと。軍事用語では塹壕、考古学では細長い発掘溝のことを言

当初、東京電力はコンクリートを直接流し込んで固めようとしています。しかし、いくら大量の固化材を流しこんでも、大量の流水があれば凝固するはずがありません。その点を記者から指摘されると、東電は次のように答えています。

「まずは吸水性ポリマー（※2）を投入し、さらに流水量を減少させるために、数種類の固形物をトレンチ（※3）に流し込んでいるところです」

その固形物とは、「おがくず」や「新聞紙」だったのです。

この放射能汚染水の問題は、3月23日の段階から指摘されていました。しかし、東電が事実を認めたのは4月2日になってからのことだったのです。

少なくとも3月24日の記者会見で、フリージャーナリストの日隅《ひずみ》一雄（※4）氏がこの点を問い質し、海洋汚染につながる危険性を指摘していました。また同日、フリージャーナリストの木野龍逸《りゅういち》（※5）氏も汚染水が格納容器の中に溜まっており、外に漏れる危険性があることを武藤副社長に質問していま す。ところが東電は4月2日になるまで、一切事実を認めなかったのです。

24日の木野氏の質問には、こう答えました。

う。福島第一原発では、海水をポンプでくみ上げるためのコンクリート製トンネル。

（※4）
日隅一雄
元産経新聞記者で弁護士。現在はインターネットニュースサイト「News for the People in Japan」編集長。福島第一原発事故取材を精力的に行なう。

（※5）
木野龍逸
雑誌編集部を経て1995年からフリーライター兼カメラマンとして活動。環境問題、エネルギー問題に詳しい。福島第一原発事故では日隅一雄氏とともに精力的に取材。

「汚染水は格納容器のなかにとどまっており、外に漏れることはない」

◆「お前たちだけの会見じゃねえんだぞ」の怒号が鳴り響く

いよいよ放射能汚染水があふれ出すのではないかという段階になった時、私も含めたフリーの記者たちは繰り返し聞きました。

「どうなってるんだ」

その時の答えはこのようでした。

「2号機のピット（※1）、ならびに4号機、5号機、6号機のピットにまだ汚染水を貯める余地があるので、そちらのほうに入れておきます」

しかし、どう考えても近い将来、水があふれ出してしまうことは明らかです。重ねてそのことを追及すると、東京電力はこう答えています。

「ロシアとフランスから貯水タンカーがまもなく到着するので、それで間に合う。放射能汚染水を浄化する装置も取り付けるので、海洋へのリーク（※2）は防げる」

いくら東京電力がそう発表したからと言って、その言葉を額面通りに受け取っていてはジャーナリストとは呼べません。私たちは東京電力の発表を疑

（※1）
ピット
一般的には「穴、窪み」のこと。福島第一原発では、海水をくみ上げる取水口付近にあるコンクリート製の立て坑のこと。原発建屋に通じていた。

（※2）
リーク
漏れること。海洋リーク。意図的に放射性物質を海洋に捨てる海洋投棄とは異なる。

いながら、何度も何度も記者会見の場で質問を重ねました。

すると、海外の記者会見では考えられないようなことが起きたのです。

「何度も同じことを聞くんじゃねえ。お前たちだけの会見じゃねえんだぞ」

この言葉を発したのは東京電力の人間ではありません。同業者である記者クラブの記者たちが怒号を飛ばしたのです。

さらに驚いたのは4月4日のことでした。この日の夕方、枝野幸男官房長官は首相官邸で緊急記者会見を開いて次のように発表したのです。

「本日、東京電力は1万1500トンの低濃度の汚染水を海洋に放出しました」

つまり私たちは東京電力の発表にまんまと騙されたのでした。

◆「低濃度の汚染水」という言葉の重大なウソ

驚いた私はすぐに東京電力へ行き、「誰がこの決定をしたのか」と問い質しました。ところが返ってくる答えは「誰が決めたかわからない」というものでした。私はひどい無力感に襲われました。

そもそも、東京電力のいう「低濃度の汚染水」という言葉にも重大なウソがあります。私は東京電力に対して、海洋放出した放射能汚染水の濃度がどれほどであるのかを聞きました。

「環境基準の１００倍から１０００倍です」

しかし、その前に汚染水の環境基準は暫定値として上げられています。その１００倍から１０００倍といえば、それはすでに「低濃度」と呼べるものではありません。明らかに「高濃度」です。実際、海外の新聞は「高濃度」とはっきり書いています。しかし、東京電力の主張は最後まで一貫していました。

「東京電力の基準で、高濃度に対しての低濃度です」

残念なことに、その東京電力の発表を受けた日本の報道は次のようなものでした。

「低濃度の汚染水を海洋に放出」

海外のメディアはすべて「ハイレベルの放射能汚染水」と書いたにもかかわらず、当事国の日本のメディアだけが「低濃度」と書いたのです。これはあまりにもひどすぎるウソではないでしょうか。

地震直後、地震や津波で建物には多くのヒビが確認されていました。なぜ、そこで海洋汚染を想像できないのでしょう。海洋汚染は日本だけの問題ではなく、世界全体の問題です。そのことを忘れてしまった海洋国家・日本は「海洋汚染犯罪国家」に成り下がってしまったのです。

◆放射能汚染水による国際賠償の可能性

「船舶から流したものではないので、国際賠償に当たらない」のウソ

2011年4月4日

◆日本は「パールハーバー」を再びやってしまった

2011年4月4日、東京電力は1万1500トンもの放射能汚染水を海洋に放出しました。これは国連海洋法（※1）違反もしくはロンドン条約（※2）違反で損害賠償請求される可能性があります。

言うまでもなく、海は人類共有の財産です。そのため国連海洋法やロンドン条約では、放射性廃棄物などの有害物質を故意に海洋に流すことを禁じているのです。

（※1）
国連海洋法
正式には「海洋法に関する国際連合条約」。1994年に発効した多国間条約。慣習法によって規律されてきた海洋に関する国際法を、包括した基本的な条約。

（※2）
ロンドン条約
正式には「廃棄物その他の物の投棄による海洋汚染の防止に関する条約」。1972年、国際海事機関ロンドン本部で採択した国際法。廃棄物の海洋投棄、洋上焼却処分などを規制。

私はこの可能性について、東京電力に繰り返し聞いてきました。その時の東京電力の回答は次のようなものでした。

「船舶から流したものではないので、それには当たらない」

しかし、これは苦しい言い逃れです。たとえばフランスでは原発の汚染水を長いパイプラインを使って海中に流していましたが、海洋汚染ということで訴えられているからです。

そして、もっと驚くべきことがありました。それは、日本が隣国への事前通告をきちんとせずに汚染水を放出してしまったことです。

実際、韓国は事前通告がなかったということで日本政府に抗議しています。この点について、誰が海外に通告したのかを聞くと、

「外務省からメールで送った」

という答えでした。もちろん時差もありますから、メールを見ていない国もあったでしょう。つまり、日本はまた「パールハーバー（※1）」をやってしまったのです。

今後、この問題がどうなるかはわかりません。しかし、今回の福島第一原発事故で海洋に放出された放射性物質の量は人類史上未曾有の量です。政府

（※1）**パールハーバー**
アメリカに宣戦布告文書が届く時間を見計らって行なった真珠湾（パールハーバー）への奇襲攻撃作戦だったが、手違いで文書到着が遅れ、攻撃開始に間に合わず、日本は「だまし討ち」の汚名を着ることになった。

（※2）**生体濃縮**
ある特定の化学物質が生態系での食物連鎖をへて、生物体内に蓄積されていくこと。

（※3）**ビキニ環礁**
太平洋西部に位置するマーシャル諸島共和国に属する環礁。この周辺で1946年から1958年にかけて、アメリカ合衆国が67回もの核実験を行なった。

は当初、チェルノブイリ以下と言っていましたが、いまやチェルノブイリの6倍以上の放射性物質が大気圏、海洋に放出されたことが確認されています。

◆国家予算に匹敵するかもしれない賠償額

過去の水爆実験で出たような放射能とは違い、今後、どれほどの海洋汚染、水産物汚染を引き起こすかは未知数です。しかも、海洋が汚染されれば、そこで育つ魚も汚染されます。そして大きな魚は小さい魚を食べます。食物連鎖によって放射性物質が生体濃縮（※2）されていくことになるのです。

つまり、4年後、5年後にマグロなどの大型魚に多くの放射性物質が認められることになると、大変な損害賠償額になることが考えられます。

たとえば50年以上前にビキニ環礁（※3）で水爆実験を行なわれてしまったマーシャルなどの国は、マグロなどの海産物をGDPの中心に据《す》えています。そうした国々から賠償請求があれば、そのまま国家予算と言っても差し支えないほどの巨額の請求になることが予想されるのです。

たしかにアメリカなど、過去に自らが水爆実験などで放射性物質を飛散させた国は賠償請求をしてこないかもしれません。しかし、それ以外の国から

日本に今後襲ってくる悲惨な状況は、ウクライナ、ベラルーシの姿を見れば、よくわかります。ロシアはウクライナ、ベラルーシを切り離して、ソ連から変わりましたが、日本はそれは絶対にできない。日本はこの先、何十年も負の遺産を抱え込むことになったのです。

賠償請求をされる可能性は否定できないのです。

実際、2011年4月の段階で、日本以外の環太平洋の国々が「環太平洋20カ国、4カ年プラン（※）」という会議を立ち上げています。これは4年後、5年後に福島第一原発事故の影響による海洋汚染を調査しようという趣旨の会議ですが、海洋調査の結果によっては賠償請求される可能性があります。

そして、これまでは日本産の高級ブランドだった「メイド・イン・ジャパン」の農産物、水産物、工業製品、自動車は、ますます海外で売れなくなる可能性があります。すでに日本の高級ブランドだった魚も、かつての値段では売れなくなっています。2011年だけで水産物の輸出額は約11％減りました。今後、日本産の魚が売れなくなるというのは決定的だと思います。

今後、日本の産業は税収も含めて非常に落ち込んでいくでしょう。そして企業は海外に出たほうがいいという判断をします。一度国外に出ていってしまった企業が再び日本に戻ってくる保証はどこにもありません。日本はますます経済が落ち込み、やがて先進国から脱落してしまう可能性もあるのです。

これから生まれてくる日本の子どもたちは、そんな「負の遺産」を背負っていかなければならないのです。

（※）**環太平洋20カ国、4カ年プラン**
太平洋沿岸諸国が中心になり、国連海洋法・ロンドン条約違反で日本に損害賠償を求める姿勢を見せており、1カ国20兆円あまりの損害賠償になる可能性がある。

◆あまりにも楽観的すぎる「工程表」

「6～9カ月で収束」「除染が完了した時点で皆さんにお帰りいただきます」のウソ

2011年4月17日

◆「工程表」ではなく「願望表」だ

原発事故発生後、東京電力は連日、記者会見を開いてきました。当初はいつ記者会見が始まるかわからなかったために、記者の多くは24時間体制で東京電力に張り付いているような状態でした。

私は3月中は東京電力の記者会見に極力出ていましたが、東京電力が開く会見は「情報公開」のための記者会見ではなく、「情報隠蔽のための記者会見ではないか」と疑うほどひどいものでした。質問をしてもすぐには答えず、「後ほど確認します」と答えることばかりだったからです。

また、原発事故収束までのロードマップ、いわゆる「工程表（※1）」も東京電力はなかなか出そうとしませんでした。

これは自由報道協会のメンバーでもあるフリージャーナリストの日隅一雄氏、フリーランスの木野龍逸氏、ニコニコ動画の七尾功（※2）氏など、東京電力の記者会見に連日出席していた記者たちがしつこく要求してきたものです。しかし、東京電力はなかなか工程表を示そうとはしませんでした。

それでも彼らがしつこく、本当にしつこく要求し続けた結果、2011年4月17日になってようやく最初の「工程表」が出てきたのです。

この工程表はその後、何度か修正されていきます。11月17日には、なんと7回目の改訂が行なわれています。しかし、一番最初に工程表を出した時、東京電力の勝俣恒久会長はこう断言しているのです。

「事故から6カ月から9カ月で原子炉の安定的な冷却を完了します」

しかし、早くから東京電力の隠蔽体質に気づいていた日隅氏は、この工程表が出るとすぐにこう言いました。

「これは工程表なんかじゃない。こんなデタラメはない。まるで七夕の短冊

（※1）
工程表
工事の着工から完成までの工程の計画。各工程で行なう事柄、必要になる物資や費用、だんどり、かかる時間などを計画したスケジュール表。

（※2）
七尾功
ドワンゴ・ニコニコ事業本部政治担当部長を兼任する現場記者。

（※3）
石棺作業
事故が起こった原子力施

のようだ。『こうなったらいいな』という願望を並べた『願望表』だ」

実際、工程表の中身はあまりにも楽観的なものでした。

しかし、多くのメディアは工程表の内容を批判的な目で検証することなく、翌日のトップニュースに次のような見出しを立てて大々的に報じました。

「原発収束（安定）に6〜9カ月」

日本政府は2011年12月16日に「冷温停止状態を実現した」と宣言しました。しかし、「冷温停止」と「冷温停止状態」はまったくの別物です。

◆今の技術では廃炉作業は不可能に近い

チェルノブイリ原発事故では、事故から25年以上経った現在でも石棺作業（※3）が続いています。そして現在も廃炉作業（※4）は完了していません。

スリーマイル島原発事故（※5）でも、燃料棒の取り出し完了までに10年かかりました。事故は30年以上前に起きたのに、廃炉は完了していません。

そして福島第一原発からは、いまでも放射性物質の放出が続いています。それも1〜4号機すべてにおいてです。1号機、3号機に関しては、取り出すべき燃料棒がどこにあるのかさえわかりません（2012年1月時点）。


設を丸ごと厚いコンクリート壁で覆い、中の放射性物質ともども半永久的に封じ込める作業。

（※4）
廃炉作業
事故が起こった原子炉を解体する場合は、破壊された物質と入り混じった放射性物質を取り除き、安全に保管する作業が必要なため、極めて長い時間がかかる。

（※5）
スリーマイル島原発事故
1979年にアメリカ・ペンシルベニア州のスリーマイル島原子力発電所で発生した事故。原子炉冷却材を喪失し、炉心溶融を引き起こした。

政府は事故から3カ月近く経った2011年6月7日になって、ようやくメルトスルーを認めました。しかし、そのような困難な状況の中で廃炉作業をすすめるためには、いくつもの新技術を開発しなければなりません。さらに2号機は放射線量が高く、人が近づけない状態です。

2012年1月19日になって初めて工業用内視鏡（※）による2号機格納容器内の撮影が行なわれましたが、水面を確認することはできませんでした。また、大量の放射線による斑点や水蒸気のため映像が不鮮明で溶け落ちた燃料の状態はいまだわからないままです。

また、工程表にはもう一つ大きなウソがありました。最初の工程表を発表した際、政府は次のようなことを言いました。

「除染が完了した時点で皆さんにお帰りいただきます」

これは国会でも言っていることです。しかし、これがいつのまにか順序がまったく逆になってしまっているのです。今、政府は「皆さんとりあえず戻って除染をしましょう」と言い出しています。これはとても重大な変更です。

しかし、そのことを既存メディアはほとんど報じていません。いったい、日本のマスメディアは誰のためにあるのでしょうか。

（※）**工業用内視鏡**
ファイバースコープとも。先端に小型カメラを装着し、人間や通常の検査器具が入り込めない狭所や危険な場所に細いアームを差し込んで内部の撮影などを行なう。

ソ連は、事故を小さく見せるために強引な冷却作業を行ない、のちに「石棺」つくりを含めて25万人以上の労働者を危険な作業に当たらせました。その作業によって死亡した人は、甲状腺がんや白血病も合わせると4000人とも、2万5000人とも言われています。

第2章

新聞・テレビが真実を伝えられない理由

◆原発コストと政府・産業・マスコミの関係

「原発はクリーンで安全、低コストです」のウソ

◆原発事故以前に戻りつつあるテレビ局

今はテレビや新聞からすっかり嫌われてしまった私ですが、今でもテレビ局の中には知り合いがいます。また、テレビに出演する人たちにも知り合いがいます。そうした人たちと震災発生から9カ月近く経ってから話してみると、「徐々に昔の体制に戻ってきた」という声が聞こえるようになりました。

これは端的に言うと、「原発批判はできるだけしないでくれ」ということをテレビ局のスタッフから言われるようになってきたということです。これ

は原発事故が起きる前の空気感に戻りつつあることを意味しています。

実際、テレビに出演する人々の顔ぶれも原発事故以前に戻りつつあります。震災以降、出演を自粛していた人たち、具体的には東京電力や電力会社のコマーシャルに積極的に出ていた人々がテレビに戻り始めたということです。

彼らは原発事故が起きる前、

「原発はクリーンで安全、低コストです」

と高い出演料をもらって広告に出ていました。そうした人々が２０１１年３月以降の「一時出演自粛期間」を終えて、また出演し始めたのです。

いま、東京にあるいくつかのテレビ局では、原発に関して賛同していた出演者が出るコーナーでは、原発事故に関して取り上げないことを内部に対して明確に指示を出しています。そうした情報が外に出てくる局はまだまともなほうで、社員自身が自主規制してしまい、一切表に出てこない局もあります。

私自身は原発に関して、とくに反対という考えを持っているわけではありません。私は「原発容認派」です。それはメディアに求められる役割は、原発に反対か、賛成か、ということではなく、今回の事故の事実関係をきちんと取り上げることが一番大切だと思っているからです。

私は「反原発」でも「脱原発」でもありません。かといって「推進派」でもなく、「容認派」と公言してきました。自由報道協会自体も、反原発団体ではなく、あくまで自由な言論の場、多様な言論社会を構築するために各種記者会見を主催する非営利の組織にすぎません。

◆真実を暴こうとする人間は排除される

ところが困ったことに、日本の新聞・テレビにとっての最大のお客さんは視聴者や読者ではありません。大手のマスメディアにとっていちばん大切なお客さんは、年間860億円もの広告料を払ってくれる電力会社の方たちなのです。そうした電力会社の方たちに気持ちの良い番組を作ってあげようという雰囲気が、震災から時間が経つにつれ、じわじわと復活し始めています。

日本の広告料全体を見ると、1位が電事連（電気事業連合会）（※）を含めた電力会社の860億円。2位のパナソニックは700億円、3位のトヨタが500億円です。

ここで少しおかしいな、と感じる人もいるはずです。2位のパナソニックも3位のトヨタもライバルがいる一般企業です。やはりライバルがいる分だけ広告費にお金を使わなくてはいけません。

しかし、電事連並びに東京電力をはじめとする全国10社の電力会社は、日本においてはライバルがいません。そもそも公益企業として発足し、事実上、国に守られているわけですからライバルはないのです。さらに、パナソ

（※）
電気事業連合会
安定したエネルギー供給体制の確立を主目的に1952年に全国9社の電力会社によって設立。現在は沖縄電力が加入して10社連合。電力事業の円滑化のために、政府に対するロビー活動を展開する側面もある。

ニックやトヨタのように海外へ展開しているわけでもありません。それにもかかわらず日本最大の広告を打っているのです。

これをマスメディアの側に立って言い換えるなら、A社に嫌われたらB社で埋め合わせるというわけには行かない、ということになります。その結果どうなるかというと、余計なことをやらないようにしよう、広告を下ろされたらたまったものではない、自分たちの給料は減るだろう、と広告主に過剰に気を遣うことになるのです。広告主を怒らせると、社長とか経営陣、あるいは営業のほうから、そこまでやるなと言われるということが起こるわけです。

2011年の年末には、各テレビ局が原発の検証番組を作って放送していました。しかし、東京電力の会見に入っていたフリーランスの記者たちの多くは、呆《あき》れ果てていました。それは「検証番組」と言いながら、既存メディアが自分たちに都合のいいことしか報じていなかったからです。しかもそこには多分にウソが含まれていました。

あるテレビ局では、自社の記者たちをスタジオに呼んで、

「原発事故直後、メルトダウンをわれわれは追及していました」

と平気な顔をして言わせていました。しかし、それは完全なウソなので

す。ところが一般の人たちはみんなそういう番組しか見ていないために、「ああ、ここまで掘り下げてよく作ったな」とすっかりだまされてしまうのです。

そして、そのウソを知って暴こうとする人間たちは徹底的に排除されます。私もそうですが、2011年の3月に多くのフリー記者が番組から消えることになりました。そして反論の機会は与えられませんでした。

結局、多くの人にアプローチできるマスコミによって真実が歪《ゆが》められ、マスコミにとって都合のいいことだけが国民に伝えられるのです。

◆原発をつくればつくるほど儲かる仕組み

もう一つ、原発のコストの問題で言えば、重要な問題があります。

現在、原発は1基建設するのに約3500億円かかります。これは建設費だけです。それに対して火力発電所の建設コストは約1800億円です。

そして、原発は維持管理費を含めると1兆円規模になってしまいます。原発は明らかに「高い」のです。

それではなぜ高い原発をつくるのかというと、「電力会社は利益を出してもいい」という決まりがあるからです。電力会社は「発電コストの3%の利益を取ってもいい」ことになっているので、コストの高い原発をつくればつくるほど利益が出るのです。つまり、効率の悪い、危険でおカネのかかるものをつくるほうが電力会社にとっては儲かるのです。

また、官僚にとってもそれは同じです。全体の発電コストの数％を経済産業省の特別会計（※1）に入れることができるのです。

天下り先としての電力会社があるというだけではなく、こうした特別会計のうまみもあるのです。

日本の国家予算は一般会計（※2）が90兆円ほどですが、これは国会の審議、国会議員のチェックを受けます。しかし、日本には一般会計以外に、200兆円強の規模にもなる特別会計という予算があるのです。

これは国会議員のチェックを受けません。つまり各省庁が自由に使える巨額の「裏金」のようなものです。実は経済産業省は発電コストの10％を特別会計に組み入れられる仕組みになっています。つまり、発電コストが上がれば経産省の予算が増える仕組みなのです。しかも原発のコストにはなぜかマスコミへの広告費も含まれています。つまり、日本では原発をつくればつくるほど、政府、産業、マスコミが潤う構造になっているのです。

（※1）
特別会計
行政機関や自治体が行なう公立病院や下水道、国民健康保険などの事業のために、独自の事業で管理される会計。税金として徴収する一般会計とは別に設けられ、事実上、所轄する行政機関が自由に使える。

（※2）
一般会計
国や自治体において、教育や福祉、公共工事など基本的な行政運営を行なうための会計。使途や予算配分は議会において公開で審議されて可決する。

「セシウムは出ていません」「全国から検出されるなんてありません」のウソ

2011年3月

◆新宿の土壌から検出された通常の数百倍のセシウム

3月の原発事故以降、新聞・テレビなどのマスメディアは政府の発表を鵜呑みにし、

「大量の放射能は出ていない」

と繰り返し報道してきました。これは少なくとも1カ月は続きました。

その一方で、私を含むフリーランスの記者たちは「出ないはずはない。おかしいのではないか」と訴えてきました。しかし、新聞がそのような声を取

り上げることはありませんでした。

それから半年が経った9月21日、朝日新聞東京版に、次のような小さなベタ記事（※1）が出ました。

「新宿の土壌から790ベクレル（※2）〈1キロあたり〉」

通常であれば土壌の放射線量は1〜3ベクレルなのですが、その700倍もの放射性物質が福島第一原発から200キロ以上離れた東京・新宿の土壌から検出されても大きな記事になりませんでした。私は他の新聞にも記事が載っていないかと探しましたが、載せたのは朝日新聞だけでした。

載せただけでもまだマシです。しかし、東京版のベタ記事を読む人はあまりいないと思います。また、扱いが小さいために、記事を目にした人も「たいしたことがない」と思っていたかもしれません。

しかし、これは本当は大変なことです。

放射能による影響は、細胞分裂が活発な子どもたちのほうが強い。当然のことながら、小さい子どもが公園で遊べば被曝の可能性が高まります。子どもたちは身長が大人に比べて低いため、土壌から体内に放射性物質を取り込む可能性も高くなるのです。

（※1）**ベタ記事**　新聞の紙面下部、広告の上などに並べられたごく短い記事のこと。通常、あまり重要ではない記事として扱われる。

（※2）**ベクレル**　国際単位系で、放射能の量を表す単位。ベクレル数は、1秒間にいくつの原子核が崩壊して放射線を放つかで表される。700ベクレルなら、1秒間に700個の原子核が崩壊していることになる。「Bq」と表記する。

さらに、子どもたちは放射性ヨウ素（※1）を甲状腺（※2）にためやすいことがわかっています。つまり、放射能に弱い。裏を返せば、新陳代謝が高い成長期にある子どもたちは、大人よりも放射能を体に取りこんでいるということになります。

◆忘れたころ、こっそり真実を伝える日本の大手メディア

普通の国であれば、放射線量が700ベクレルを超える土壌が都心に発見されたら一面トップで報道されるはずです。しかし、日本の既存メディアはほとんど報じませんでした。

それは原発事故からの1カ月間、自分たちが、

「放射能は出ていない」

と報道をし続けてしまったからです。

もっとも大きな問題は「3月の私たちの報道は間違っていました」という自己検証を行なった新聞・テレビが一つもなかったことです。

なぜ新聞・テレビは自己検証できないのか。それは自分たちのミスを一つ認めてしまうと、この間の報道が徹底的にウソだったことがバレてしまうか

（※1）**ヨウ素**
海産物等に多く含有されているミネラル分。放射性のないヨウ素は無害。放射ヨウ化カリウムなどの安定ヨウ素剤は、原発事故によって放出される有害な放射性同位体のヨウ素131の体内への蓄積を抑える効果がある。

（※2）**甲状腺**
喉頭下部にある内分泌腺。チロキシン、トリヨードチロニン、カルシトニンなどのホルモンを分泌する。

らなのです。

それで彼らはどうするか。これはいつも同じ構図ですが、時間稼ぎをすることになります。半年も経てば忘れっぽい読者や騙されやすい視聴者はわからないだろうというのが日本の新聞・テレビの基本的な態度なのです。

だから原発事故発生直後、「セシウムは出ていません」「日本中に飛ぶなんて、馬鹿なこと言わないでください」「全国から検出されるなんてありません」と、さんざん言ったわけです。

ところが、実際には出てしまった。その時にどうするかというと「まずい、黙っていよう」という判断をしてしまいます。そして時間が経ち、そろそろ忘れてるな、という時にこっそりと出す。これが日本の大手メディアのやりかたです。

もう一つ、日本の新聞の常套句には「○日までにわかった」という言い方があります。しかし、これはウソです。新聞記者、テレビの記者はみんな3月の段階から知っていました。だから自分たちの家族だけは逃がしたり、自分たちだけ引っ越ししたり、自分たちだけ安全なところにいたわけです。

そして読者や視聴者にはその事実を伝えなかった。これは記者以前に人間

内部被曝の恐ろしいところは、何年も経過してから深刻な健康被害を及ぼすことです。枝野官房長官や大手マスコミが流布した「安心デマ」は、きわめて危険な風説の流布に当たるのではないか。放射能は、乳幼児や妊産婦にとって命に関わる極めて危険な物質なのです。

として大きな罪を犯したといえるでしょう。

◆大手メディアが気兼ねする大スポンサーの正体とは？

こうした日本の報道を見ていると、日本はまったくチェルノブイリ原発事故（※1）から学んでいないことがわかります。チェルノブイリの事故を考えれば、放射性物質が出ないことなどありえないからです。

いまだに26年前のチェルノブイリの被害はヨーロッパを苦しめています。ロシアでは、土壌からセシウムを吸い上げた野菜がいまだに出荷できません。北イタリアでも、まだきのこの輸出ができない地域があります。

セシウム137（※2）の半減期は30年ですから当然です。チェルノブイリから遠く離れたスコットランドでも、いまだに出荷できない牛乳を扱っている牧場主もいます。これが放射能と人類の戦いの教訓です。

ところが日本の既存の大手メディアからは完全にこうした視点が抜けていました。いま私たちが見ているチェルノブイリ、ウクライナ、ベラルーシの姿は、26年後の日本の姿であるにもかかわらず、そうした視点がかけています。

（※1）
チェルノブイリ原発事故
1986年4月26日に当時のソビエト連邦（現在のウクライナ）のチェルノブイリ原子力発電所4号炉で起きた原子力事故。福島第一原発と同じ、レベル7と呼ばれる深刻な事態を引き起こした。

（※2）
セシウム137
セシウムの放射性同位体。自然界にはわずかしか存在しない。核分裂によって生成される。体内に吸収されると内部被曝を起こす。放射能の半減期は30年。

◉チェルノブイリ原発事故の汚染地図と日本との比較

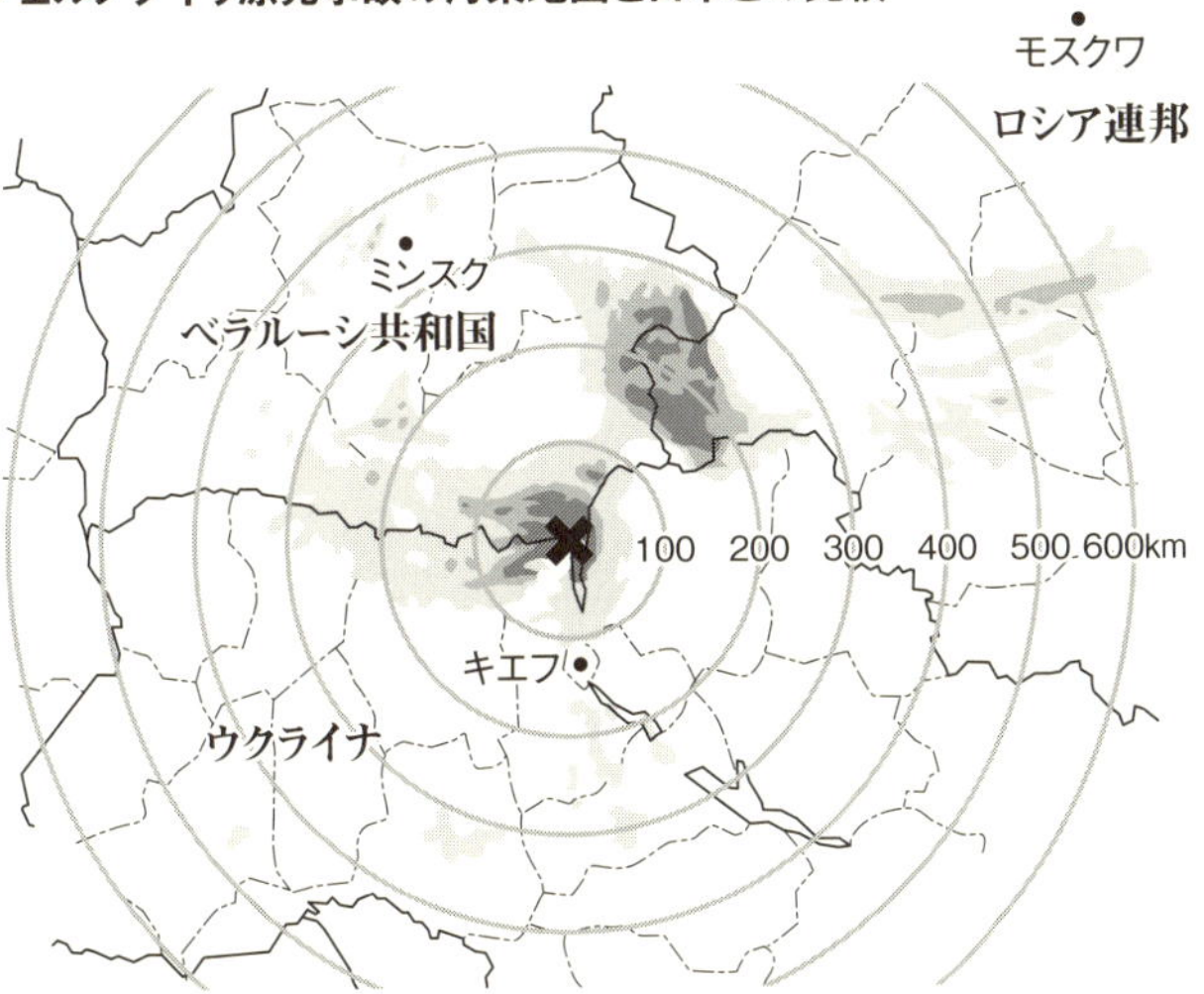

セシウム137汚染レベル

1～5キュリー/㎢　5～15キュリー/㎢　15キュリー/㎢以上

1キュリー/㎢以上は、日本の法律でいうところの「放射線管理区域」以上の放射線量となる。

1キュリーは3.7×10^{10}ベクレルに等しい

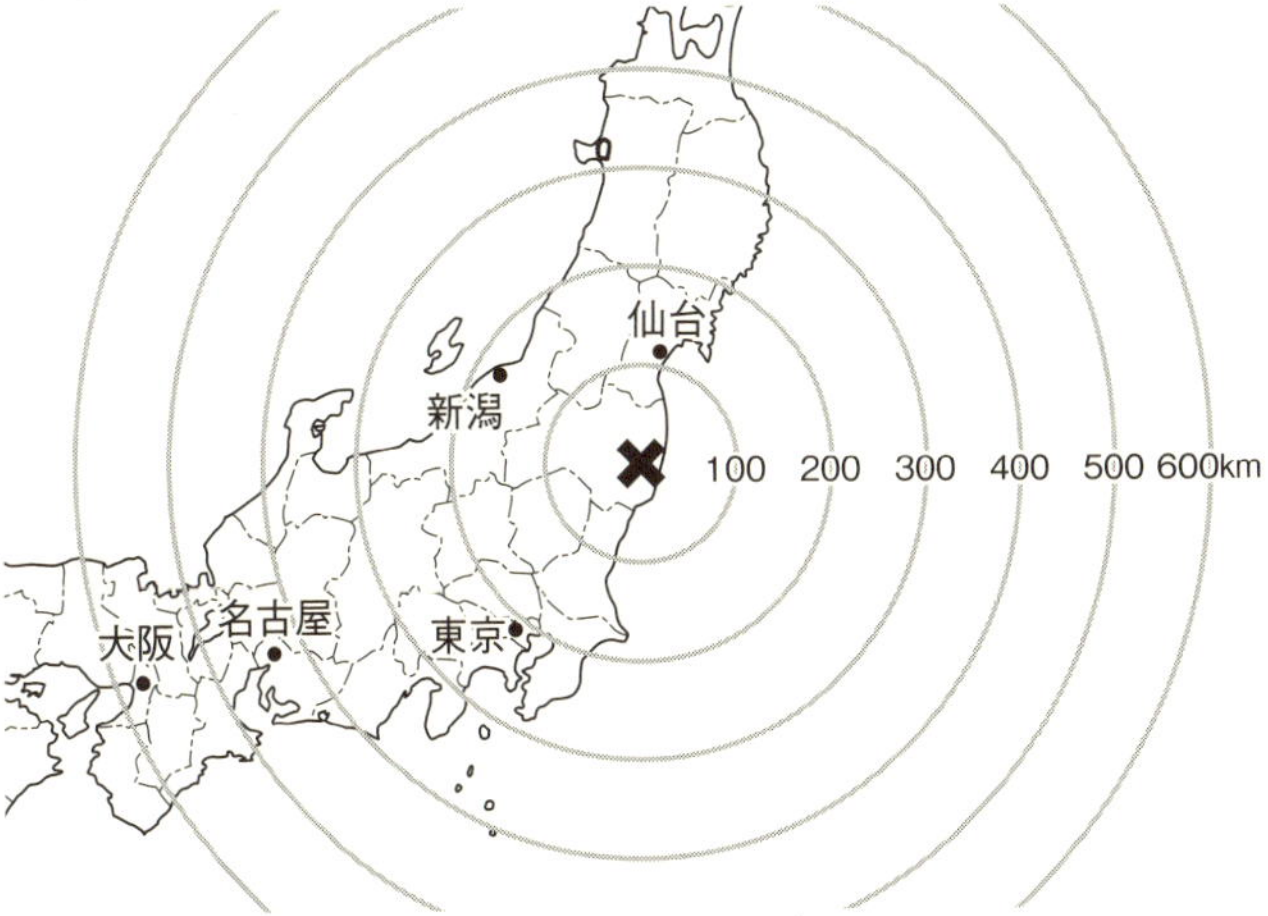

それでは、なぜ日本の大手メディアがこうした事実を報じることができなかったのか。前項で詳しく述べましたが、それには理由があります。それは東京電力という企業が、新聞やテレビの大スポンサーであったからです。

本来であれば、独占企業である電力会社は広告など打つ必要がありません。しかし、日本にある10の電力会社、そして電気事業連合会の年間広告料は800億円余りにも上ります。その大スポンサーに対する気遣いが働くために、大手メディアは「事実」を報じることができなかったのです。

現場の記者にはそんな意識はないかもしれません。しかし、結果としてマスメディアが東京電力、政府の情報隠蔽に加担してしまったことは事実です。新聞・テレビがジャーナリズムを標榜するのであれば、まずは自らの姿勢を反省するところから始めるべきではないでしょうか。

◆5名以上の作業員が亡くなっているという事実

「（原発作業員の死亡は）福島原発との関連性は定かではない」のウソ

2011年5月15日

◆因果関係は闇に葬られている

2011年5月15日、東京電力は作業員が福島原発事故の復旧作業中に心筋梗塞で死亡したことを発表しました。この時、東京電力は、

「死因は心筋梗塞（※）の可能性が高く、放射線の影響は考えにくい」

と、ただちに説明しています。

また、2011年8月30日には、福島第一原発で復旧作業にあたっていた協力企業の40代男性が8月上旬に急性白血病で亡くなったと発表しました。

（※）**心筋梗塞**
心臓の冠動脈の血流量が何らかの原因で低下し、血液がいきわたらないことにより、心筋が壊死した状態。進行すれば死に至る。

男性の仕事の内容は休憩所に出入りする作業員の被曝管理でしたが、働き始めて1週間で体調不良を訴え、数日後に死亡したのです。

東京電力はこの時も、

「男性の作業と白血病による死亡に因果関係はない」

と、ただちに発表しています。

しかし、放射性セシウムは筋肉に溜まりやすいため、心筋梗塞を引き起こす可能性が指摘されています。また、急性白血病と放射能の関係性も完全には否定できません。ところが東京電力は行政解剖も司法解剖もせずに、

「因果関係は定かではない」

と発表し続けているのです。そして日本の既存メディアも東京電力の発表を垂れ流すだけです。

2011年10月6日には、50代の男性作業員も死亡しています。死因は遺族の意向なども踏まえて公表されませんでしたが、東京電力はこの時も、

「被曝や過重労働が直接の死因ではない」

との見解をただちに発表しました。しかし、こうした発表は、日本ではあまり大きく報じられません。

◆死亡者が出ても現場検証さえ行なわれない異常さ

さらに2011年11月28日、東京電力は原発事故発生時から陣頭指揮にあたってきた吉田昌郎（※）所長が体調不良のため退任すると発表しました。当初、病名は非公表。東京電力はこの時の記者会見でこう答えています。「医師の診断で被曝との因果関係の指摘はない。詳しい病名や被曝線量は個人情報のため言えない」

しかし、吉田所長は原発の所長として国全体を背負って判断をした人物です。当然、その病状は公益性を帯びるため、個人情報とは言えません。また、病名を公表しないことで「放射線の影響によるものではないか」という憶測を呼ぶ可能性もあります。そのため私はただちに病名を発表するべきだと言い続けました。

するとその11日後の12月9日になって、東京電力は吉田所長の病名を食道がんと発表しました。こういう時間差を作ること自体、「東京電力は情報を隠蔽しようとしているのではないか」と疑いの目をもたれても仕方がありません。

（※）**吉田昌郎**

東日本大震災発生時の福島第一原子力発電所所長（執行役員）。未曾有の原発事故に対処するため現場で陣頭指揮を執る。2011年12月1日付で病気療養のため退任。

そして2012年1月11日には、「原発事故の収束作業にあたった作業員」の4例目の死亡を東京電力は発表しました。亡くなったのは協力企業の60代の男性です。しかし、この男性が実際に死亡していたのは1月9日のことでした。ここでも情報開示が遅れたのです。

この男性の被曝線量は外部と内部をあわせて6・092ミリシーベルトでしたが、またしても東電は、

「被曝と死亡との因果関係は考えにくい」

と発表しました。そして、メディアもその通りに報道しています。

通常であれば、こうした人々の死因が原発の放射能由来か、あるいは元々の健康の問題なのかを徹底調査するはずです。しかし、東京電力は解剖を依頼しませんでした。警察などによる現場検証や当局による捜査がこの時初めて行なわれた模様ですが、それも大きくは公表しません。

原発事故発生以来、福島第一原発では少なくとも5名以上の作業員が亡くなっています。怪我をされた方も数十人、行方不明になった方もいます。放射線の影響ではなくても、1年にも満たない期間にこれだけの方が亡くなるというのは異常な労働環境です。

しかし、そのことを問題視する報道はほとんど見られないのが日本という国なのです。

「放射線の影響によるものではない」

「福島原発との関連性は定かではない」

もし、次に不幸な事故が起きたとしても、東京電力は「ただちに」そう発表するのではないでしょうか。

吉田所長は、自分の発言に本社が耳を貸してくれず苦労していたという。現場に権限を与えず、責任だけを押し付けるこのやり方を、私は「日本型人災」と呼んでいます。組織幹部は決定を下さず、事故が起きると自らは逃亡する。日本のエリート組織全体に当てはまる特徴です。

◆鉢呂経済産業大臣の辞任劇❶

「鉢呂大臣、〝死の町〟発言、福島の人々怒る」のウソ

２０１１年９月９日

◆市民の声を代弁していた「市の町」発言

２０１１年９月10日、鉢呂吉雄（※１）経済産業大臣が辞任しました。皆さんのなかには、鉢呂さんは「二つの失言」によって辞任したと受け止めた人も多いと思います。

一つは鉢呂さんが９月９日の閣議後記者会見で発した「死の町」発言。これで福島県の人々を傷つけたということ。もう一つが「放射能をつけちゃうぞ」という不謹慎な発言の責任を取って辞任したという受け止め方です。

（※１）
鉢呂吉雄
１９４８年北海道生まれ。北海道４区選出の衆議院議員。北海道大学農学部卒業後、今金町農業協同組合を経て、１９９０年無所属で旧北海道３区から出馬し初当選。２０１１年９月２日野田内閣で経済産業大臣に就任。

しかし、このような認識をお持ちの方は、日本の既存メディアから情報を得ている人だと思います。一方で、ツイッターなどのソーシャルメディアから情報を得ている人は「おや、ちょっと違うな」と感じているはずです。

つまり、現在の日本は情報取得ツールの使用状況によって国民の認識が大きく二つに分かれています。これは極めて不健全な社会情勢です。

鉢呂氏が経産大臣としての記者会見で「死の町」発言をしたのは9月9日ですが、これには前段があります。

鉢呂氏は農協（※2）出身の議員です。当然、農業のことは専門になります。ですから大臣になる前の菅内閣の時から、一議員の立場で個人的に福島に視察に行っていました。そこで農協の人と会ったり、原発周辺の14市町村のすべての首長と話をしてどういう状況か聞くということを2回行ないました。

その報告を菅直人首相へ持っていって「こんな状況なので早く除染してください、農家の人たちの自殺も増えているし、なんとかしてくれ、駄目だったら駄目と宣言してくれ」と言い続けてきたのです。

鉢呂氏が記者会見で「死の町」と言ったのは、野田内閣で経産大臣にな

（※2）**農協**
農業協同組合法に基づく法人。農業者によって組織された協同組合で、特に、全国農業協同組合中央会が組織する農協グループをＪＡと呼ぶ。かつて地方において強力な票田だった。

り、3度目の福島視察を終えた翌日のことでした。記者会見で、鉢呂氏はこう言っています。

「残念ながら、周辺の町村の市街地は人っ子一人いない、まさに死の町という形でございました」

そして、続けてこうも言っているのです。

「首長さんを先頭に各住民の皆さんが前向きに取り組むことによって、今の困難な事態を改善に結びつけていくことができる」

「政府は全面的にそれをバックアップしていきたい」

私はこの発言に問題があるとは思えません。

また、「死の町」についてですが、これは現場に入った人間からすると当然の表現なのです。実際、5月には当時の細川律夫厚生労働大臣が国会で「死の町」という発言をしていますが、なんの問題にもなりませんでした。

鉢呂氏のみならず、多くの福島県の市町村の首長さん方もずっとそう表現してきました。南相馬市の桜井勝延市長もそうですし、あるいは福島第一原発から14キロ離れたエム牧場（※）（浪江町）の吉沢正己農場長も、最初から「死の町」という表現を使っていました。

（※）
エム牧場
正式には「エム牧場浪江農場」。福島第一原発事故によって立ち入りが制限されている警戒区域内に位置する牧場。見捨てられた肉牛を保護して飼育する活動を行ないながら、東電への抗議運動を続ける。

その言葉を代弁する形で経産大臣が言った「死の町」発言。これは福島の人からしてみればまったく問題ない発言です。むしろ私が鉢呂大臣の「死の町」発言の後に福島の人々から聞いたのは、「当然のことを言ってくれてありがとう」という感謝の言葉でした。

◆「死の町」発言で抗議は一件もなし

しかし、新聞・テレビなどの既存メディアは、そうした現場の声とは180度違う声を報じました。「福島県の人々は怒っている。鉢呂氏は許せない」というトーンで報じたのです。それは既存メディアの人たちが「福島県の人々はきっと怒っているに違いない」という思い込みで「死の町発言」を問題にしたからにほかなりません。

奇妙なことに、鉢呂氏のもとにはそのような抗議は一件も寄せられていません。それも当然です。福島の人たちにしてみれば、鉢呂氏こそ、この問題をもっともわかっている議員だったからです。だから「死の町」発言があった時も、「鉢呂さんを辞めさせないでくれ」という署名活動がツイッターを出発点に始まっています。始めたのは福島の学校の女性教諭で、数多くの署名が集まりました。

しかし、既存メディアは「鉢呂氏は辞める必要がない」という署名活動についてまったく報じることがありませんでした。それを報じてしまえば、自らが「誤報」を流したことを認めてしまうことになるからです。

不幸なことに、鉢呂氏自身の情報源は新聞やテレビでした。そのため新聞やテレビの報道が「世論」だと勘違いしてしまい、結果的に鉢呂氏は就任から9日間で自ら大臣を辞任してしまうことになったのです。

◆既存メディアだけが「世論」ではない

インターネットがない時代であれば、人々は既存メディアの報道だけを鵜呑みにして「鉢呂大臣、けしからん」という空気が社会を支配していたと思います。しかし、今は違います。

今はYouTubeやユーストリーム（※1）、ニコニコ動画（※2）など、インターネットを通じて経済産業大臣の記者会見を一般の人も見ることができます。それをよく見ると、鉢呂氏がどういう文脈で「死の町」という表現をしたかが、誰にでもわかるようになっているのです。

（※1）**ユーストリーム（Ustream）**
インターネット動画共有サービスの一つ。動画視聴者からのチャットや投票が可能で、2008年アメリカ大統領選挙で候補者が競ってキャンペーンに使ったことから話題になった。

（※2）**ニコニコ動画**
日本で開発された動画共有サービス。視聴者とアップロード者の交流を重視しており、視聴者の投稿が再生画面上に任意のタイミングで掲示されるのが最大の特徴。

（※3）**ニュースの深層**
朝日新聞系列で、24時間ニュースを放送している衛星放送チャンネル「朝日ニュースター」の看板私はCS放送局「朝日ニュースター」の『ニュースの深層（※3）』という番組でキャスターをしていますが、そこに大臣辞任後の鉢呂氏に生出演してもらった時の話をしたいと思います。

私は直接、鉢呂氏に聞きました。

「あんなに『辞めないで』という声が福島からもあったのに、なぜ自ら辞めてしまったのですか」

すると、鉢呂氏はこう言ったのです。

「知りませんでした」

つまり、ソーシャルネットワークやインターネットという言論空間をまったく知らなくて、「辞めた後にそういう声があるのに気づいた」のです。

現代の政治家としてインターネットを使いこなせていないという意味での実力不足、運の悪さもありますが、「もう一つの言論空間」の情報が耳に入らなかったために、既存メディアの声を「世論である」と鉢呂氏自身も勘違いしてしまった。これはメディアの罪とも言えるのではないでしょうか。

※3　番組。政治家やジャーナリストが出演し、ストレートな議論が人気。

鉢呂氏がきちんと説明した部分は、新聞やテレビでほとんど報道されませんでした。鉢呂氏がまともな人物では、自分たちの報道と辻褄が合わず困るからでしょう。マスコミは自分たちのストーリーに沿ってコメントを拾い、それを記事や番組の補強材料として使うのです。

◆鉢呂経済産業大臣の辞任劇❷

「放射能をつけちゃうぞ」のウソ

2011年9月8日

◆「つけちゃうぞ」なんて一言も言ってない

鉢呂吉雄経済産業大臣のもう一つの〝問題発言〟として報じられたものがあります。それが「放射能つけちゃうぞ」発言です。

私自身は当初からの報道を見ていて「おかしいな」と感じました。普通の報道であれば、一言一句、きちんと出て来るはずだからです。ところが各マスメディアの報道を見ると、

「放射能つけちゃうぞ」

「放射能をつけてやる」

「ほら、放射能」

と、微妙に発言内容が違っていました。そこで私は「放射能つけちゃうぞ発言」が報じられた直後から、「本当に鉢呂氏はそんな発言をしたんだろうか」という疑問を持って私なりに周辺取材を進めていきました。

結果として、私の予想は合っていました。これは鉢呂氏自身も認めていることですが、実は鉢呂氏自身は「放射能つけちゃうぞ」という発言は一言もしていません。

こんなに短い言葉がばらばらなのは、メディアが創作したからです。メディアが問題発言を作って、辞めさせたわけです。情報統制どころかウソの報道をして大臣のクビをとってしまった。それが「放射能つけちゃうぞ」事件の真相です。

〝問題発言〟の舞台となったのは、鉢呂氏が野田佳彦総理、細野豪志(※1)原発事故担当大臣と3人で福島第一原発に視察に行って、夜中の11時半頃、赤坂宿舎(※2)に帰って来た時のことでした。

鉢呂氏はまだ経産大臣になって1週間です。赤坂宿舎の建物の中に入った

(※1)
細野豪志
1971年8月21日生まれ。京都府出身。三和総合研究所(現三菱UFJリサーチ&コンサルティング)研究員。現在、環境大臣、原子力発電所事故収束・再発防止担当大臣、内閣府特命担当大臣(原子力行政)を担当。

(※2)
赤坂宿舎
地方選出議員の国会活動円滑化のために提供されている議員宿舎の一つ。衆議院議員用。現在の建屋は2007年に竣工され、総戸数300戸を有する最大の宿舎。

ところで、鉢呂氏の顔見知りでない経済担当の番記者（※1）が4人ほどパッと集まって来ました。

「大臣、お疲れ様です」

番記者たちからそう声をかけられた鉢呂氏は、いつものサービス精神で、「はい、はい」と応じて、そのまま「ぶら下がり懇談（※2）」が始まりました。

この時、鉢呂氏は視察直後だったために、防災服を着たまま宿舎に帰って来たわけです。そこで記者が防災服を着ていることを指摘して、

「大臣、その防災服、放射能は大丈夫ですか？」

と言ったのです。すると別の記者が、

「放射能ついてるんじゃないですか？」

と鉢呂氏に問いかけた。その時に鉢呂氏は横にいた記者に、

「ほら」

と冗談で一歩踏み出すようなしぐさを見せたのです。すると番記者たちが、みんなで「アハハ」と笑った。それがすべてです。

◆日本のメディアをダメにする横並び意識

（※1）
番記者
取材対象者に密着して取材を行なう記者。主に全国紙に所属し、与野党の有力政治家など特定の対象者の動向を継続して調査する。取材対象者と距離が近くなり過ぎ、癒着が生まれる弊害も指摘される。

（※2）
ぶら下がり懇談
取材対象者の移動中などに取り囲んで行なう取材形式。「ぶら下がり取材」とも。非公式な取材形式だったが、現在では事実上、ぶら下がり取材は公認されている。

ところが翌々日になると、「放射能つけちゃうぞ」と鉢呂氏が積極的に発言したことになって報じられてしまいました。これは赤坂宿舎でのぶら下がりの時に現場にいなかったフジテレビの記者が別の社の記者から情報をもらい、「放射能つけちゃうぞ」を鉢呂氏の発言として報じたのがきっかけです。すると、次に共同通信が追いかけました。そして今度は「フジと共同がやったんだったら」と言って、全社が横並びで鉢呂氏自身が一言も言っていない「放射能」という言葉をまるで鉢呂氏が発言したかのように報じたのです。

ちなみに現場にいた記者たちは、これが記事になる時に反対しています。ところが上のほうの記者たちがゴーサインを出した。特落ち（※3）しちゃいけない、遅れちゃいけない、自分たちだけが違ってはいけないという日本の既存メディア特有の横並び意識がそうさせたのです。はっきり言って、どうでもいいメンツのためにウソのニュースが流れたのです。

そして、一回そういう方向で走りだしたメディアは非常に恐ろしくて、止まることができません。鉢呂氏自身は「放射能」とも「つけちゃうぞ」とも一回も言っていないのに、「言ったこと」として報じられてしまった。

（※3）**特落ち**
ほとんどの報道機関が報じている重要なニュースを自社だけが逃してしまうこと。報道機関では、特ダネをとることより特落ちを避けることがより重視される傾向が強い。

これは鉢呂氏に確認していますが、鉢呂氏は一議員として現地に入っている時も、経産大臣になってからも「放射能」という言葉は使わないと決めていました。言うとしても「放射性物質」であるし、自分で言った言葉はさすがに覚えているから、「そこは言ってないんだよな」と言っています。記者会見でも繰り返し「記憶にない」と言っています。

実際、鉢呂氏は「放射能つけちゃうぞ」とは言っていません。なぜ断言できるかというと、番記者のうちの一人がこっそりぶら下がり懇談をＩＣレコーダーで録音していたからです。その音声を文字起こししたメモを見ても、鉢呂氏の発言は一切ありませんでした。

つまり日本では、メディアが事実でないことを勝手に報じて世論を形成し、流れを作って一人の大臣を辞めさせてしまうことができるのです。

政治家は「選良（※）」といって、選挙を経てその立場にあります。それなのに選挙民の意思を無視した形でメディアが「デマ」を流して、その立場、地位を奪ってしまう。非常に危険な状況にあるのが日本という国です。

（※）**選良**
「選ばれたすぐれた人」の意味。特に、選挙で選ばれた首長や代議士を指す場合に使われるほめ言葉。

記者クラブの記者たちは、自らは安全地帯に身を置きながら、汗を流している人物を批判します。その傾向は出世すればするほど強まります。現地に行かず、記者会見にも行かず、匿名で他人を刺す、テレビ局のスタジオから声高に叫ぶ、それが日本の既存メディアの正体です。

◆東電の広報戦略にはまった既存メディアの報道

「発生当初より400万分の1に減少しているため収束に向かっています」のウソ

2011年9月21日

◆9月の400万倍も出ていた3月の放射能

2011年9月21日、読売新聞は福島第一原発から「推定毎時2億ベクレルの放射能が放出されている」と報じました。

ベクレルとは、要するに放射性物質から1秒間に出る放射線の量です。つまり1秒間に2億回放射線が出ている計算になります。これは当然ながら非常に危険な状況なのですが、新聞は決して「危険だ」とは書きません。

「事故直後の最大放出量の400万分の1で大幅減少傾向が続いている」

「事故は収束に向かっている」

という形で報じられるのです。噛み砕いて言えば「3月よりは比較的マシだ」ということを全部の既存メディアが横並びで報じていました。

そうした報道を見た国民はどう思うでしょうか。国民はベクレルなどの詳しいことはわからないため、新聞の見出し通り、

「なんだ、原発事故は収束に向かっているのか」

と誤解をしてしまいます。

メディアが怖いのは、「2億ベクレル」ではなく「400万分の1に減った」ということを強調することです。これは東京電力がそのように発表しているからですが、まんまと東京電力の広報戦略に乗ってしまうのです。

よく考えてください。この報道は、「3月には400万倍の放射能が出ていた」ということを伝えるものです。これは軽くチェルノブイリを超えています。しかし、当時の大手メディアはこのことをどこも報じませんでした。

私が「大量の放射能が出ている」と言うと、例のごとく知識人という人々からは「上杉はデマ野郎だ」「そんな風評を流すな」と叩かれました。

また、私と同じように「大量の放射性物質が放出されている。危険だ」と

報じてきた自由報道協会のメンバーたち、岩上安身さんや山口一臣さんなども既存メディアから排除されていきました（降板理由は原発事故ではない）。また、原発事故について声を上げた俳優の山本太郎（※）さんもテレビ業界から干されてしまいました。

それから時間が経ち、ようやく世の中には「どうも既存メディアの報道は違うんじゃないか」「大手メディアが言っていた内容のほうが間違っていて、むしろあのいんちき臭い上杉隆の言っていたことのほうが本当ではないか」と考える人たちが徐々に増えました。

私としては、自分自身が東京電力の発表を疑い、「放射能汚染は広範囲にわたっているのではないか」ということをずっと言ってきました。その予想は当たってほしくない予想でしたが、現在では多くの人々が被曝してしまっていることがわかっています。

◆日本は原子力国家であって、民主主義国家ではない

一方、海外の報道を見ると、日本とは180度違う報道がなされています。たとえばドイツの国営テレビや雑誌、新聞等では、「日本の状況は危険

（※）**山本太郎**
1974年生まれ。俳優。兵庫県宝塚市出身。自身のツイッター（Twitter）上で原発事故の対応を批判する書きこみを行ない、注目を集め、その後、原子力撤廃デモへ参加するなど積極的に活動している。

だ」と報じられてきました。

また、９月20日から24日にかけて（日本時間）、国連総会（※１）に野田佳彦総理が行った際、日本の既存メディアがほとんど報じなかったことがあります。それはオバマ大統領が普天間移設問題のことではなく、「原発事故の収束を早くしろ」と言ったことです。

これは日本の既存メディアにはほとんど載りませんでした。しかし、アメリカのメディアには載っていました。ただ、残念なことに、野田総理に対してはアメリカのメディアはほとんど興味がなかったようです。アメリカの関心は中東、つまりイスラエルのネタニヤフ首相との会談、もしくはパレスチナの国連加盟に集中していました。

そうした中、日本では野田総理がウォールストリートジャーナル（※２）というアメリカの経済新聞に寄稿した、ということが盛んに報じられました。

しかし、アメリカでは同時に野田総理の寄稿を揶揄《やゆ》する記事も載っていました。

「野田総理は来年の春にも原発を再開する、世界の皆さん安心してください

（※１）
国連総会
国際連合の主要機関の一つ。安全保障理事会と並ぶ最高機関。全加盟国が出席し、国連の目的を果たすために必要な討議を行ない、必要なら加盟国に勧告することができる。決定事項に拘束力はない。

（※２）
ウォールストリートジャーナル
アメリカを代表する歴史ある日刊新聞。全米・世界の経済活動の記事を中心に扱う。ニューヨーク・ウォール街を拠点としており、金融に関するニュースに定評がある。

と言っている。まだ収束していない原発事故があるのに、再開すると世界へアピールしている。やはりちょっと尋常じゃない」

という世界の論調もあったのですが、そこは無視されました。

また、原発事故後、海外の様々なメディアで「ニュークリアマフィア」「ニュークリアロビー」「原子力ムラ」という言葉が紹介されています。

「日本は原子力国家であって、民主主義国家ではない。つまり原子力マネー、利権に政治も経済もメディアも侵されてしまっている。こんな国は救いようがない」

それが世界、とくにヨーロッパ、ドイツの主たる論調です。しかし、原発事故の当事国である日本の既存メディアはほとんどそのことに触れませんでした。こうした海外との温度差は、同じジャーナリストとしてとても恥ずかしいものでした。私がジャーナリスト無期限休止宣言をしたのは、こうした日本のアンフェアな言論空間に失望したからです。同業者として見られたくない。そういう思いがあったからです。

海外メディアが「原子力ムラ」のことに触れると、日本の大手メディアは一切無視します。またフリーランスが書くと、日本のマスコミ界から追放されます。つまり、日本の大手メディアでは「原子力ムラ」は報じられず、そうした問題が日本にないことになってしまうのです。

◆東京地検特捜部も捜査できない聖域

「その対応（東京電力への捜査）は東京電力さんにお任せしています」のウソ

2011年10月11日

◆東京電力は治外法権と化している

福島第一原発事故が起きた後、驚いたことがあります。それは、「日本では、原発内での死亡事故に関しては捜査が入らない」ということです。

福島第一原発事故の後、たとえばユッケ食中毒事件や天竜川の川下り船転覆事故（※1）ではすぐに警察、検察の捜査が入りました。即日捜査が入って社長が逮捕され、ユッケに関しては会社がつぶれました。オリンパスの事

（※1）
天竜川の川下り船転覆事故
2011年8月17日、静岡県浜松市の天竜川で観光用川下り船が転覆し、船頭と2歳の男児を含め

件でも東京地検特捜部（※2）が来ました。一般人が交通事故を起こしても現場検証をします。

しかし、いまだに東京電力には一度も捜査が入っていないのです。現場検証にも入っていません。東京電力本店の証拠保全（※3）も一回もやっていません。社長や幹部への事情聴取も一度もしていません。つまり、日本という国では原発は完全な聖域で、治外法権と化しています。そのためそこで命を落としたりすると、他殺か、自殺か、あるいは別の死因であっても、「亡くなった」ということだけがテレビや新聞で報じられるだけになっています。

これが普通の国であれば「どうして亡くなったのか」という質問が記者会見でも出るはずです。ところが日本では「なぜ亡くなったのか」という質問をしようとしても、その質問自体を邪魔されるのです。

私はこの問題に限らず、2011年4月の時点から「なぜ捜査が入らないのか」ということをラジオやテレビ、雑誌、インターネットなどで訴え続けてきました。そして10月11日の政府・東電の合同記者会見の席でも、フリーランスの記者が次のような質問をしました。

「少なくとも原発の中で作業員が3人以上亡くなっているのに、なぜ東京電

た5人が死亡した事故。運営会社のずさんな安全管理が問題視された。

（※2）**東京地検特捜部**
東京地方検察庁特別捜査部の略。検察庁の中でも政治汚職、大型脱税、経済事件など大型事件を独自に捜査する機関。特捜部があるのは東京のほか、大阪、名古屋地方検察庁のみ。

（※3）**証拠保全**
刑事事件・民事事件において、後にその証拠を使用することが困難になる事情がある場合に、正式な公判前にあらかじめ証拠を調べて保存しておく手続き。

力には捜査が入らないのですか。普通、交通事故でも死者が出たら警察が現場検証に入ります。ところが東京電力だけは原発内で人が亡くなっても、まったく捜査が入らない。これはおかしいのではないですか」

するとと、園田康博内閣府大臣政務官（※1）はこう答えたのです。

「その対応は、東京電力さんにお任せしています」

私はその瞬間、原発・東京電力だけはこの国では治外法権にあるのだと確信しました。東京電力の社員の方は、もし逮捕されそうになったら、全員社内に逃げ込めばいい。各国大使館と同じで、警察権が及ばないということがわかったのです。

皆さんも気をつけたほうがいいと思います。うっかり原発の敷地内に入ってしまうと、そこで殺されたりしてもまったく捜査が行なわれず「自然死」ということになります。捜査も行なわれないでしょう。原発内に入ることはあまりないとは思いますが、ぜひ気をつけていただきたいと思います。

◆なぜ東電には捜査が入らないのか

東京電力だけは、これまで少なくとも5人以上の作業員の方が亡くなって

（※1）
政務官
大臣政務官。2001年に、政務次官に代わっておかれた。大臣、副大臣を補佐し、国会との交渉や政策の企画など政府の重要業務を担当する特別職の国家公務員。若手国会議員が就任することが多い。

いるにもかかわらず、死因を特定しません。自殺か、他殺か、原発で死んだのか、放射能で死んだのか、何もわからない状態です。たとえば、作業に入って2日目の健康な人が心臓麻痺で亡くなっています。普通であれば「放射線による事故じゃないか」という疑問が出るわけです。急性白血病で亡くなった方もいましたが、どちらも即座に「放射線の影響によるものではない」と発表されました。そして日本の新聞もその発表の通りに、小さく報道しました。

本当に驚きなのは、私は「なぜ東電には捜査が入らないのか」ということを3月、4月、5月とラジオで言い続け、8月には『朝まで生テレビ！』(※2)でも言いました。すると『朝まで生テレビ！』ではそれまで与野党の議員が口論になっていたのですが、私のその言葉が出た瞬間、いきなり「大連立」ができあがったのです。

「原発の中に捜査に入れるわけないだろう」

といきなりほぼ全員から攻められました。そこで私が、

「なんで入れないいんですか」

と言ったら、

「放射能が出てるんだよ」

(※2)**朝まで生テレビ！**
テレビ朝日で月一回、深夜枠で放送されている討論番組。社会的関心の高いテーマに対し、当事者や専門家を呼び、司会の田原総一朗を中心に、生放送の場で激しい討論を繰り広げるスタイルが人気。

と言うのです。実はその番組の前半では、私以外の人たちは、

「放射能はもう出ていない」

と言っていたにもかかわらず、です（笑）。私が、

「僕がさきほど『放射能はまだ出ている』と言った時、皆さんは『出てない』と言ったじゃないですか」

と反論すると、

「そこは出てるんだ」

と言われました。そこで私はこう言いました。

「別に原発に入らなくても、本店にすら捜査が入らないのはなぜですか」

すると今度はこう怒られました。

「警察には原子力の専門家がいない」

私もそれはそうだなと思いました。でもよく考えてみると、警察にユッケの専門家はいるのでしょうか。天竜川の専門家もいるのでしょうか。

頭のいいはずの国会議員や政府の人ですら、原発に絡むとこうです。

それからずいぶん時間が経っていますが、いまだに東京電力には調査も捜査も何も入っていません。これはとても不思議なことだと思います。

放射能が出ているか、どうかは、東電の記者会見を見ていれば、わかるのです。東電自らが放射能が毎時２億ベクレル出ていると発表していたのですから。しかし、テレビ出演者は「放射能は出ていません」と言い張るのです。それは既存メディアからの情報です。

第3章

ニュースにならなかった日本の食品のあぶない真実

◆輸入禁止にされていた日本の食品

「『風評被害』で東京電力への賠償請求が始まっています」のウソ

◆「風評被害」ではなく「実害」だ

現在、全国各地の農協などが東京電力への賠償請求を始めています。しかし、これに関する日本の報道を見ると、ほとんどが、

「風評被害で賠償請求が始まっている」

というトーンで報じられています。

しかし、実際には「風評被害」はほとんどありません。実害です。

放射能汚染がされていなければ風評ですが、放射性物質が検出されている

以上、普通の感覚であれば「風評被害」という言葉は使いません。

たとえば原発事故以前であれば日本の最高級ブランドであるリンゴなどは中国などに非常に高値で売れたわけです。それが今は高値どころかゼロ円になっています。

それも当然です。放射能がついたら、リンゴは果物ではなく、放射能汚染物、放射性廃棄物になってしまうからです。それをわざわざお金を出して輸入する国はありません。

日本が逆の立場になったと考えれば当然だと思います。放射能が付着しているものを輸入禁止にするのは自国民の安全を第一に考える政府として当然の措置です。

２０１１年11月、中国が日本からの輸入禁止を一部解除したことがニュースになりました。しかし、そもそも中国が日本からの輸入を禁止していることを日本の新聞・テレビは報じませんでした。輸入禁止が解除された時に初めて報じたのです。だから、そこで初めて「あれ？」と思った人も多いのではないでしょうか。

日本政府は原発事故発生以降、ずっとこう言ってきました。

「風評による差別をしないように」

何度でも繰り返しますが、これは風評被害ではなく実害です。

◆実は犯罪行為に加担していた報道機関

時事通信（※1）の調べでは、今後1年、2年で、本社機能などを海外に移したいという企業は50％を超えています。そして、日本に投資した外国企業の多くが中国やタイ、シンガポールなどに移っていきます。日本で製品を作っても売れなくなるわけですから、これは当然の傾向だと思います。

これが震災だけであれば復興すればいい。ところが放射能の場合は、簡単には解決できません。放射性物質の半減期は長いため、いくら作っても同じように放射性物質が検出されてしまうからです。

その結果、どうなるか。当然、日本の経済は落ち込みます。しかも、底のない空洞化が加速します。国民総生産も落ちこみます。国家としての財政状況も非常に悪くなります。これのどこが風評なのでしょうか。

実害であるにもかかわらず、なんとか言葉を変えて責任逃れをしようとしている政府・東京電力。そしてそれをそのまま報道してしまうのが日本の既

（※1）
時事通信
1945年設立。日本を代表する通信社。国内79カ所、海外28カ所の事業所を持つ。前身は、戦前の国策通信社であった同盟通信社。

（※2）
地産地消
地域で生産された生産品をその地域内で消費すること。地域経済の活性化や地域文化の保護、また、食品の場合は食育の推進、健康的な食生活の推進に役立つと考えられている。

存のマスメディアなのです。

私が震災以降に行った、アメリカ、フランス、中国、どこの国でも日本の食べ物に関しては「危険な食べ物」という認識でした。基本的には高級料理店、安全性を重視するお店では日本産の食材は出てきませんでした。

それも当然です。日本政府は情報隠蔽を繰り返し、日本政府が「安心だ」と言って輸出した食物を水際で検査してみたら、実際には放射性物質が含まれていたことがわかったからです。

それでは、なぜ既存メディアは正しい情報を出さないのか。それは事故発生直後から、「安全です、安心です」と「安全デマ」を繰り返し、「地産地消(※2)、福島のものを食べて被災地を応援しましょう」とやってきたからにほかなりません。

ここで放射能汚染が「実害」であると認めてしまうと、報道機関が犯罪行為に加担したことになる。つまり、国民の健康や生命を害することに加担したことを認めることになってしまうのです。

ただし、日本の場合、既存メディアは全員でウソをつく。だからいつまでも「風評」という言葉を使い続けてもとがめられることがないのです。

原子力損害賠償紛争審査会の最初の指針では、精神面での損害や農水産物の出荷制限に伴う損害補償などが盛り込まれましたが、マスコミが問題視している風評被害は入りませんでした。しかし、放射能汚染は現実のものです。風評扱いにすること自体がおかしいのです。

◆海産物・農産物の放射能汚染を考慮にいれていない愚かさ

「大丈夫です。仮に、いま日本人が1トン海水を飲んでも、ただちに健康には被害はありません」のウソ

2011年4月

◆放射能の値が高く出ないように事前にいじっていた！

原発事故後、日本政府は海水の調査を行ないました。これ自体は悪いことではありません。しかし、本来、やるべきことがもう一つあったはずです。それは海産物の調査です。

私は事故発生直後から、何度も政府に対して海産物の調査を行なうように要請してきました。しかし、なかなか政府は動きません。

私は海水調査よりも先に海産物の調査をするべきだと言ってきたのです

が、その時に政府から返ってきた回答は驚くべきものでした。

「大丈夫です。仮に、いま日本人が1トン海水を飲んでも、ただちに健康には被害はありません」

当たり前のことですが、海水を1トンも飲む人はあまりいません。そこで私は細野豪志首相補佐官に記者会見で、こう言いました。

「私は海水を1トンも飲まないので、そろそろちゃんと海産物調査をやってくれませんか。普通の日本人は海水じゃなくて魚を食べます。なんできちんと魚を測らないいんですか」

2011年4月27日になると、やっと文部科学省、水産庁は調査を始めました。しかし、政府の海産物の調査方法には大きな問題があったのです。なんと、放射線量を測る前に、コウナゴ（※1）以外は魚の頭と内臓と骨を取って調査していたのです。

放射性物質のストロンチウム（※2）は水溶性で、骨などに溜まりやすい。セシウムも筋肉、内臓などに溜まりやすい。そういうことを無視した調査方法を行なっていたわけです。いわば高い数値が出ないようにデータを事前にいじっていたことになります。

（※1）**コウナゴ**
イカナゴの稚魚。漢字では「小女子」と書く。沖縄を除く日本沿岸各地に分布する。福島第一原発事故後、ほかの魚は放射性物質が検出されないのに、なぜかコウナゴだけが基準値を超える結果が続いた。

（※2）**ストロンチウム**
元素記号「Sr」。アルカリ土類金属。放射性同位体のストロンチウム90は人工生成物で、放射性セシウムとともに、原発事故で大量に放出される。半減期は約30年。

◆日本だけに特別な生態系のルールがあるのか!?

そこで私は東日本の漁港を回って、海産物の放射線量調査をすることにしました。

なぜ私がこの調査をしようと思ったかといえば、日本人は海産物を多く食べる国民だからです。海水を1トン飲む人はいないけれど、日本人は普段から魚を食べています。普段食べている海産物にどれくらいの放射性物質が含まれているかは国民の最大の関心事の一つだからです。

これは私だけではなく多くの人が政府に要求していました。東日本の漁師さんや築地の人たちも調べてくれと言っていました。

ところが、政府は一向に調べようとしません。調べようとすると「風評をあおるな」と言われました。石原伸晃《のぶてる》自民党幹事長にいたっては「市民が測るな」とまで発言しました。つまり、測ったら本当のことがバレるからです。

私は政府と東京電力の合同記者会見の場で、細野補佐官に質問しました。

「日本の海産物調査では頭と骨と内臓を抜いて測っているのですが、なぜこんな測り方をするんですか」

すると細野補佐官も知らなかったのか、周りを見渡しました。そして水産庁と文科省の役人がかわりに答えるわけです。

「そういう測り方をするということは当然決まっております」

しかし、世界的にみてもそんな測り方をする国はありません。私が重ねてどうしてそんな測り方をするのかと聞くと、驚きの答えが返ってきました。

「日本人は基本的に骨や内臓や頭は食べません」

驚きました。たしかに日本人は食べないかもしれません。しかし、日本近海の中型魚が小型魚を食べる時、器用に頭と骨と内臓を取り除いて食べることができるとはまったく知りませんでした。これはもちろん皮肉です。

また、グリーンピース・ジャパン（※）の事務局長の佐藤潤一氏はこう述べています。

「日本は魚の頭と内臓を取ってサンプリングを行なっています。放射性物質は身に溜りやすいからというのがその理由です。確かにそれはそうなのですが、内臓や頭に蓄積されるのもまた事実で、わざわざ除去する必要はないと思えます」（ダイヤモンド・オンライン「週刊・上杉隆」2011年5月12日掲載より）

（※）**グリーンピース・ジャパン**
1989年にグリーンピース日本事務所として設立。地球環境問題、特に気候変動、遺伝子組み換え問題、海洋生態系保護、オゾン層保護、原子力、有害物質、森林問題等の分野で活動。会員約5000人。

このように日本には私が知らなかった特別な生態系（※1）のルールや世界に類を見ないサンプリング方法があるようで、実際に日本では頭と骨と内臓を除去できない小魚のコウナゴだけに基準値を超える放射能汚染が見つかっています。

日本政府はぜひこの機会にそうしたことをイギリスの科学誌『ネイチャー』（※2）などに発表してくれないでしょうか。ノーベル賞を取れるほどの大発見ではないでしょうか。

それほど、世界でも希な発見を繰り返ししているのが日本政府。そしてそれを信じているのが日本の国民、既存メディアなのです。

◆12万ベクレルを超える数値が出た！

あらかじめ予想されたことではありましたが、政府から出てくる数値は、私やグリーンピース・ジャパンが調査したものとはかけ離れていました。

2011年5月、グリーンピース・ジャパンの海洋生態系問題の担当・花岡和佳男氏は東日本の海岸などに行き、漁師やサーファー、ダイバーらに協力してもらって、ワカメや貝など、海産物の放射線量を繰り返し測っていま

（※1）**生態系**
一定の地域で生息している生物と、その地域の環境とが互いに連関し合う生物学的なシステムのこと。

（※2）**ネイチャー**
1869年、イギリスの天文学者ノーマン・ロッキャーによって創刊。世界的にもっとも権威のある学術雑誌の一つ。主要な読者は一線の研究者。

（※3）**グリーンピース**
世界的な環境保護団体。発祥は1971年のアメリカ。世界40カ国で活動し、現在の本部はオランダ。一部過剰な活動が問題視されるが、環境問題に対する貢献も評価される。

す。また、それをドイツなどの第三者機関に送って調査もしています。

すると、とんでもない数値が出たのです。5月の時点で、福島で取れたワカメなどから12万ベクレルを超える数値が出たのです。

私はその結果を『週刊文春』で発表したり、自分がやっているメールマガジンで発表していきました。そしてグリーンピース（※3）はNGOとして政府や企業に働きかけをしていきました。

ところが、世間はなかなか気づかない。おそらく気づいていたのでしょうが、気づかないふりをしていた人もいるかもしれません。

海産物が放射能汚染されていれば、当然、市場に入ってくる魚も汚染されています。グリーンピースは繰り返し調査し、スーパーやレストランにも問い合わせを行なっています。その結果、ようやく大手スーパーのイオンが独自調査を行ない「1キログラムあたり50ベクレルを超えるものは店頭に並べない」という自主基準を発表したのです。そしてイオンはその後、「店頭での放射性物質ゼロ」宣言をします。

政府の発表をただ垂れ流すだけでは何も問題は解決しない。そのことがよくわかる事例だと思います。

イオンの決断の裏で、どのような「困難」があったかはわかりません。しかし確実にいえることは、イオンの決断には、消費者の声が大きかったということです。現実から目を逸らしても放射能は減らない。ひとりひとりが声を上げれば「日本社会」は必ず変わるのです。

◆出るわけがないと言っていた放射性セシウムが発覚

「お米からセシウムは出ません」のウソ

◆日本は「ウソにやさしく、ミスに厳しい」世界

日本の既存のマスメディアは、なかなか自分たちのミスを認めたがりません。ここが海外のジャーナリズムと大きく違うところです。

海外のジャーナリズムでは「人間は間違うことがある」という意識がしっかり根付いています。そのため、ミスに対しては寛容です。自分のミスを認めるのは誰しも嫌なことですが、ミスを認めてしっかりと訂正しさえすれば、次のチャンスが与えられます。

その一方で、絶対に許されないのが「ウソをつく」ことです。ウソをついたことがわかれば、それは会社との契約を切られるだけでなく、ジャーナリズムの世界から追い出されることを意味します。その意味で、「ウソに厳しく、ミスにやさしい」世界だといえるでしょう。

しかし、日本の既存メディアの場合はまったく逆です。日本の既存メディアは「ウソにやさしく、ミスに厳しい」のです。

こうしたジャーナリズムに対する基本的な姿勢が違うことで、3・11以降、日本は不幸な結果を受け入れなければならなくなりました。

たとえば、

「お米からセシウムは出ません」

という報道がありました。しかし、実際には違いました。福島第一原発から20キロの警戒区域から倍以上離れた福島市大波地区のお米から、国の基準値（1キロあたり500ベクレル）を超える放射性セシウムが検出されています。これが発覚したのは2011年11月25日のことです。この時は最高1270ベクレルの放射性セシウムが検出されたのです。

しかし、この時に、

「以前自分たちが報道した内容は間違っていました」と認めた新聞・テレビはありません。なぜなら自分たちのミスを認めてしまうと、次から次へ、徹底的に訂正をしなければならなくなるからです。するとどうなるか。これはいつも同じ構図ですが、ミスをごまかすために時間稼ぎをするのです。

日本の新聞・テレビの基本的な態度は、「6カ月もすぎれば忘れっぽい読者やだまされやすい視聴者はわからないだろう」という態度です。ですから自分たちが以前、

「セシウムは出ていません」

「放射性物質が日本中に飛ぶなんて馬鹿なこと言わないでください」

「ましてや警戒区域より離れたところのお米からセシウムなんて出るはずがありません」

「東海テレビは『汚染されたお米セシウムさん』だなんて馬鹿なことをやっているけど、お米にセシウムがつくわけないでしょ」

とさんざん言っていたことを、なかったことにしてしまうのです。

あれだけ「出ない」と言っていたのに、実際には出てしまった。「まず

い、黙っていよう」と沈黙を守り、自分のミスを認めないのです。

そして、読者や視聴者が忘れた頃に、

「福島市、新たに基準超え、最高１２７０ベクレル」

と報じるわけです。また、同じ日には「西日本もセシウム確認」という記事も掲載しています。それでも「私たちの報道は間違えてました」と訂正することがありません。一つ訂正を出してしまうと、これまでの報道をすべて訂正する必要が出てくるために、それができないわけです。

◆新聞記者、テレビ局の人間は3月の段階で知っていた!

当初、日本の新聞は政府同様、20キロ、30キロ圏外へは放射能は飛ばないと主張していました。しかし、実際には西日本にも降り注いだことが判明したわけです。それでも訂正はありません。

「後になってからでも、出しただけいいだろう」

そんな声も聞こえてきます。しかし、それは間違いです。新聞はまるで「今、はじめてわかった」かのように報じていますが、実は3月の段階で新聞記者、テレビ局の人間は知っていました。だから自分たちの家族だけは逃

4月の「茨城、千葉の母親の母乳から放射性セシウムを検出」6月の「450人の児童の尿から放射性セシウムを検出」などの発表もありました。「放射能に対して、相対的に耐性の弱い子どもや女性を守ろうとしない国家（政府）は必ず滅びる」のです。

がしたり、自分たちだけ引っ越したり、自分たちだけ安全なところにいたわけです。

そして、読者、視聴者には本当のことを伝えなかったのです。

もし、3月の段階できちんと報じていれば、

「ここの土壌は汚染されているから、一度除染をしてから作付けしよう」

となっていたかもしれません。そうすれば、わざわざ放射能に汚染されたお米を作らずに済んだのです。

そういう意味では、2カ月ちかくSPEEDIの公開をしなかったことは本当に犯罪的な行為です。しかも、2012年1月16日には、SPEEDIの情報を米軍や海外にだけは先に提供していたことが発覚しました。だから海外のメディアや海外の政府は、これをもとに放射性物質の拡散予測を発表していたわけです。

私が枝野幸男官房長官をはじめとする菅内閣の政治家に対して「全員犯罪者だ」と厳しく批判しているのはそのためです。彼らは日本国民を守るためではなく、自分たちの立場を守るために平気で国を売るようなことをやってきたのです。

◆「除染」は「移染」になるという現実

「低線量ですが汚染されていません」のウソ

◆汚染された日本製品は買い叩かれる

私たちが食べている食品の一部は、低線量ですが放射性物質に汚染されています。これは動かしようのない事実です。

たしかに国の基準値以上に汚染されたものが流通する可能性は低いです。しかし、完全に汚染されていないものとなると、今後どんどん少なくなっていきます。海産物に関しては、すでに北海道産のものからも日本海産のものからも放射性物質が検出されています。

しかも、食品や飲料水の基準値は震災後に引き上げられています。つまり、かつての基準値ではアウトの食品を食べているわけです。そのため子どもたちが食べ続けた場合に健康被害が現れるかどうかは未知数です。それでもなお、日本の既存メディアは積極的にこの事実を報じようとしません。

かつて、日本の一次産品である農産物、海産物は、海外に対して非常に高価に売れるブランドでした。しかし今は、低線量であっても、かつてより汚染されていることは事実です。

しかも食品の暫定基準というのは日本だけで通用するものです。そのため、国際的な基準値を超えているもの、ならびに低線量であっても放射能に汚染されている食品は買ってもらえないのです。それどころか、日本からの食品は放射能汚染物扱いになってしまう可能性もあるのです。

つまり、ものを輸出してお金を払ってもらうのではなく、こちらがお金を払っても引き受けてもらえないものになってしまうということです。

また、半導体（※）などは放射能汚染に弱いものですから、当然、輸出できなくなります。放射能に汚染された車も輸出できません。

実は世界中がそういう目で日本を見ているのです。つまり、日本は原発事

（※）
半導体
電気を通しやすい「導体」と電気を通さない「絶縁体」との中間の性質を持つ物質。多くがシリコン製。

故の被害者であると同時に、世界の国々からしてみれば、加害者になる可能性を秘めた国になってしまったのです。

しかも、日本国内の放射能汚染の情報や議論を既存のマスメディアがまったく無視してしまったために、日本人にはその意識がほとんどないのです。

これでは仮にＴＰＰに参加しても、平等な貿易などできるはずがありません。日本製品の買い叩きがさらに加速されてしまうからです。本来であれば、日本政府もそうした情報をきちんと把握してＴＰＰ参加の是非を決めなければならないのに、その前提となる放射能汚染の問題が完全に抜け落ちています。つまり、ＴＰＰの議論自体がナンセンスであり、机上の空論を戦わせているのが日本の言論空間なのです。

◆日本人はこれから長い間、放射能と付き合っていく道しかない

話を食品の放射能汚染に戻しましょう。もはや低線量の汚染は避けられない問題なのですから、現実的な対応策を考えなければなりません。そうした場合に参考になるのが、チェルノブイリ原発事故後のヨーロッパの対応です。

これはドイツやフランスの一部が自主的にやったことですが、放射能汚染

21項目ともいわれるＴＰＰの自由化交渉対象分野には、情報通信分野も含まれています。例外なき自由化がなされれば、記者クラブ制度も崩壊するに違いありません。もはやＴＰＰという「外圧」以外に、いまの日本を変え、救い出す道はないのかもしれません。

の度合いを値札などにベクレル表示するという方法です。

消費者に安全なもの、安心なものを届けようという観点から、ベクレル計測をして危険なものは売らない。安全なものは売る。汚染の度合いは少し高くても問題のないものは安くして売るということをやりました。

そこでもう一つ、私から提案があります。今、日本全国で放射性物質がまったく飛んでいない都道府県は沖縄を除いてないでしょう。西日本へ行ってもセシウムはあります。そうなると、もはや日本では放射能で汚染されていない食べ物を手に入れることは困難です。つまり、すべての日本人が少なからず放射能に汚染されたものを食べていかなければなりません。

そうした場合に、放射能汚染の度合いが低いもの、ゼロに近いものは子どもやお母さん、若い男女に優先的に与えていく。これは地域も、学校も、自治体も、政府も一丸となってやっていくしかありません。つまり、食品の年齢指定、R指定（※1）のような仕組みを作るのです。放射能汚染の度合いが高めの食品については、細胞分裂の少なくなった高齢者に食べてもらうような住み分けをするしかないのです。

放射性物質の半減期を考えても、日本人は今後、放射能と長い付き合いを

（※1）
R指定
性的表現や暴力的表現、残酷な表現など、青少年の育成にふさわしくないと判断される映画について、視聴できる年齢制限を設けた制度。15歳未満に適用されるR15＋と18歳未満に適用されるR18＋の二つ。

していくしかありません。なぜなら、除染をしても、放射性物質は完全にはなくならないからです。

たとえば11月、「福島でリンゴの樹皮を高圧洗浄機で除染したところ、放射線量が約84％、下がった」という記事を見つけました。新聞は、「除染に向け実証実験」と載せていました。しかし、これは危険です。なぜなら高圧で流した放射性物質を含む水は下に流れ、根からまた吸い上げられます。つまり、これは「除染」ではなく、単純に汚染を移動する「移染」なのです。

今、日本で行なわれている「除染」はほとんど同じです。除染したものが川に流れ、海に流れ、そしてまた雨になって降ってきます。

今の人類の技術では、放射性核種（※2）を完全に分解することはできません。セシウムはできるかもしれませんが、他の核種、何十種類もある核種を完全に分解することは不可能だというのが結論です。つまり、本当の意味での除染はできないのです。

福島の農家も、漁民も守らなければなりません。そのためにも、しっかりと食品の汚染度合いを測って、上手に食べていく必要があるのです。

（※2）
放射性核種
放射能をもつ核種。不安定な電子を放出して崩壊し、他の原子核に変わろうとする原子核。自然界に存在する天然放射性核種と、原子炉や加速器で合成される人工放射性核種がある。

「チェルノブイリ原発事故と違い、事故による直接的な健康被害は出ていない」のウソ

◆チェルノブイリの現状から26年後の福島を知る

今はまだ、原発事故による直接的な健康被害は出ていないかもしれません。しかし、本当に10年後、20年後になっても事故による健康被害はないと言い切れるでしょうか。

たとえば小児がんについて考えてみましょう。通常であれば小児甲状腺がんの発症率は100万人に1人程度だといわれています。ところがチェルノブイリ原発事故後、ウクライナやベラルーシでは、小児甲状腺がんの発症率

が1万人に1人程度に上がっています。つまり通常時の100倍です。なかには1000人に1人が発症したという地域のデータもあります。

「1万人に1人だったらいいじゃないか。9999人は大丈夫なんだから安心じゃないか」

たしかにそう思う人もいるかもしれません。しかし、子育てしているお母さんにしてみれば、発症リスクが100倍に上がることを喜ぶはずがありません。しかもその健康被害が5年先、10年先に出るとすればどうでしょうか。

今、チェルノブイリ原発事故から26年が経っています。単純比較はできないにしても、チェルノブイリの現状を知ることは「26年後の福島の姿」を想像することになるのです。

◆外部被曝よりむしろ内部被曝が恐ろしい

チェルノブイリ原発事故後、ジャーナリストの広河隆一氏は「チェルノブイリ子ども基金」を設立し、20年間以上も健康被害に苦しむチェルノブイリの子どもたちを支援してきました。広河氏はこう証言します。

「事故当時、『安全だからここに逃げろ』と言われていた低線量の地域から、今でも健康被害が出はじめているんです」

放射線被曝による健康被害は、外から一時的に放射線を浴びる外部被曝だけが恐ろしいのではありません。それよりもむしろ、放射性物質を体内に取り込んでしまう内部被曝のほうが恐ろしいのです。

もちろん、一度体内に取り込んだ放射性物質のなかには、分解されたり体外に排出されるものもあります。

しかし、体内に残るものもあります。そして半減期が長い放射性物質は長期にわたって放射線を放出し続けます。つまり積算被曝線量が多くなってしまうため、事故から26年が経った今でも新たに発症する人が出てくるのです。

実際、「チェルノブイリ子ども基金」だけでも、原発事故由来と思われる病気で6500人が治療中もしくは治療した後です。その多くは25歳から35歳の若い人たちです。甲状腺がん（※1）、小児がん、白血病など様々な病気が出ています。

日本はまだ大丈夫でも、今後、若い女性が子どもを産む際に、無脳症（※2）や小頭症（※3）、心臓に欠陥を持った子どもが生まれる可能性は旧チェルノブイリ原発の周辺地域をみれば、否定できません。なぜなら放射性セシ

（※1）**甲状腺がん**
甲状腺に発生するがん。チェルノブイリ原発事故後、周辺では、甲状腺がん患者が多発した。事故で漏れた放射性ヨウ素が甲状腺に溜まりやすいためと考えられる。

（※2）**無脳症**
先天的な頭頸部奇形の一つで、胎児の段階で脳組織が欠如してしまう症状。脳組織が残存しても、頭頂部に頭蓋骨や皮膚がなく露出してしまう。チェルノブイリ原発事故後、周辺で発症が増えた。

（※3）**小頭症**
頭の大きさ、中の脳とも

ウムは細胞分裂が活発なところにとどまりやすく、生殖器も例外ではないからです。だから原発事故が起きた時、世界中の国々が「子どもと女性だけはまず逃がせ」とチャーター機を飛ばしたのです。

しかし、日本だけは違いました。

「保育園や学校を除染しました、戻りましょう」

そう言ってはやばやと子どもたちを30キロ圏内に戻しています。

当然ながら、自宅から学校へ通うには、通学路を通らなければなりません。通学中に被曝したり、寄り道をして被曝しないという保証がどこにあるでしょうか。それとも、いつの間にか日本の子どもたちは自宅から学校までワープできるようになったのでしょうか。

◆放射能と戦って勝った例は一度もない

チェルノブイリの場合、当時のソ連は強権的な方法によって、住民を一旦30キロ圏外に避難させています。一方で、早々と日本は戻してしまいました。そのため世界中から「どうなっているんだ」と思われているのです。

ところが日本の既存メディアはこうした世界の声を報じません。なぜな

に小さいまま生まれてくる。運動機能や知能の低下が随伴する。原爆で胎児のときに母体を通して被ばくした子どもに発症する「原爆小頭症」が確認されている。

ら、これまで自分たちがさんざん「安全です」と報じてしまったからです。

26年前のチェルノブイリのケースがそのまま当てはまらなくても、同じような事態が起きる確率はゼロではありません。私は危機感を煽りたいのではなく、過去のケースに学んで対策を立てることが大切だと言いたいのです。チェルノブイリは26年前から放射能と戦ってきています。しかし、結論から言えば、人類は放射能と戦っても勝つことはできません。

ウクライナ、ベラルーシでは、放射線量の高い地域の除染は放棄しています。また、ウクライナでは食品に含まれる放射性物質のベクレル表示が法律で義務づけられました。

26年経った現在でも、川を通じて放射性物質が流れ込んでくるために、雨が多く降ると「水を摂らないように」と注意喚起がなされます。なぜ日本だけが「安全な国」でいられるのでしょうか。

繰り返しますが、放射能と戦っても人類は勝てません。そうであるならば、目の前の現実を直視し、長期にわたって放射能と付き合っていく。そのような社会を作ることがこれからの日本人に課せられた宿命ではないでしょうか。

ウクライナでは、いまなお6000人が甲状腺の異常に苦しみ、治療を余儀なくされています。それは、真実を伝えなかったソ連政府の犯罪的行為の代償で、住民には罪はありません。「安全です」という発表を信じ、生活していただけで、一生の苦しみを負わされたのです。

◆日本の食品は世界から敬遠されているのが実状

「食品に危険なものはありません。安心して召し上がってください」のウソ

◆日本政府は自国の国民すら守れない

原発事故発生直後、枝野幸男官房長官は、何度もこう繰り返しました。
「市場に出回っている食品に危険なものはありません。安心して召し上がってください」

しかし、これは後に明白なウソだったことがわかっています。

2011年12月に入ると、粉ミルクからセシウムが検出されました。また、グリーンピース・ジャパンの調査では、スーパーで売られているサバの

缶詰からも放射性物質が検出されました。静岡のお茶からも放射性物質が検出されています。

これらの多くは、確かに基準値よりも低い数値でした。しかし、なかには基準値を超えたものが市場に流通していたケースもありました。最近では食料品に原産地表示がされているものも増えてきました。そして九州や西日本など、原発から遠く離れた地域のものが人気を集めています。しかし、加工食品などの場合はそこまで細かく原産地表示がなされていないものもあります。

もちろん世の中には、

「低線量の被曝は発がんリスクからいったら問題ない数値だ」

という意見もあります。それは、当然あっていい意見だと思います。

しかし、通常の状態を考えれば、わざわざ放射性物質が含まれた食品を選んで食べる人はいません。つまり、私たち日本人は、原発事故によって少なからず放射性物質の影響を受けることになったのです。

こうした状況を海外はどう見ているでしょうか。政治は結果責任ですから、「日本政府は自国の国民すら守れない」というレッテルを貼られてしまうでしょう。そして、日本政府に対する信頼度も、当然ながら落ちてくるわけです。

しかし、世界の中で日本人だけがいまだにその事実を知りません。なぜなら、日本人の多くが情報源としている新聞・テレビがそのことをほとんど報じないからです。全世界の国々が「被曝から子どもと女性を守る」という観点から、自国民を早々と東日本から避難させた事実すら報じませんでした。

そして、日本人の多くは世界中で日本の食材が輸入禁止になっていることすら認識していないと思います。

◆「世界の中で日本がどう見られているか」という視点が大切

野田政権では、ＴＰＰ（※）交渉参加がクローズアップされました。しかし、私から言わせれば、将来的に関税を撤廃するというＴＰＰは、大した問題ではありません。なぜなら、最も危険な食物を日本人が食べているというのが世界での認識だからです。

貿易というのは、相互に輸入と輸出をすることが前提ですが、わざわざ日本から危険な食品を輸入しようとする国はないでしょう。実際、海外から日

（※）
ＴＰＰ
環太平洋戦略的経済連携協定。別名、環太平洋経済協定、環太平洋経済連携協定、環太平洋連携協定、環太平洋パートナーシップ協定。環太平洋地域の参加国で貿易自由化を目指す枠組み。

本に来るスポーツ選手などは、自分の国から食料を持ってきたりしています。これが現在、日本の置かれている状況です。そのことを理解している日本人がはたしてどれほどいるでしょうか。

原発事故が起きる前、海外の日本料理店では、「食材は日本から輸入しています」ということが高級店の証《あかし》でした。しかし、今は違います。日本からの食材を使っているような高級店が先に潰れていっています。

まずは世界の中で日本がどう見られているか。そのことを正確に認識しなければ、今後、日本という国は立ち行かなくなってしまいます。

私がよく使うたとえ話に、「砂の中に頭を突っ込むダチョウ」というものがあります。これはダチョウが窮地に追い込まれると、砂の中に頭を突っ込んで「見たくないものは見ない」という態度をとることを表した西洋のことわざです。

現実を直視せずに、「日本は安全だ」「日本は安心だ」「日本はいい国だ」と言い続けても、そこはすでに荒廃した土地なのかもしれません。

たとえ見たくない現実であっても、しっかりと向き合っていかなければ、日本という国に明るい未来はやってこないのではないでしょうか。

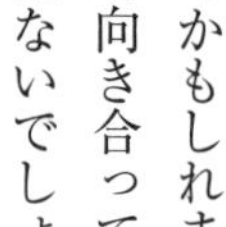

ＴＰＰの議論をするに当たって、一つ大きな前提としての情報が、日本の場合、すっぽり抜け落ちています。それがまさに、何度も述べている原発、つまり放射能汚染の問題です。この放射能汚染問題の前提なしにＴＰＰ議論をしても、何の意味もありません。

◆明治の粉ミルク事故の原因はSPEEDIの非公開にあり

「粉ミルクは7倍の水で薄めて飲むので、安全です」のウソ

２０１１年12月６日

◆7倍の水で薄めても、一缶全部飲めば量は同じ

２０１１年12月６日、新聞・テレビなどで大きく報じられたニュースがあります。それは、

「明治の粉ミルクから最大１キログラムあたり30・８ベクレルの放射性セシウムが検出された」

というものでした。

この時の報道を思い出してください。ＮＨＫでは7時のニュースで専門家

がこう言いました。

「ただちに健康に影響を与える量ではありません。仮に赤ちゃんが飲んだとしても、粉ミルクは7倍の水で薄めて飲むので健康被害をもたらすということはありません。安心してください」

これは他の新聞もテレビもすべて同じ論調でした。

これを聞いた私は驚きました。7倍の水で薄めても、結局、粉ミルクを一缶全部飲めば体内に取り込む量は同じです。いつの間に日本だけが体内に取り込む量の計算式を独自に開発したのでしょうか。

日本の報道ではさらっとした扱いでしたが、世界各国の新聞はこのニュースを極めて大きく扱っていました。なぜかというと、赤ちゃんの主食であるミルクは、原発事故が起こった時に最も気にしなければならない食品だからです。

子どもの場合は新陳代謝（※）、細胞分裂が活発なために、放射能に対して耐性が弱いと言われています。ですから子どもあるいは妊婦を守るのはどの国でも率先して行なうべきことです。しかし、震災以降、日本政府は正反対の対応をとり続けてきました。

（※）
新陳代謝
古いものが新しいものに入れ替わることを言う。人体の場合は古い細胞が新しい細胞に入れ替わること。

◆9カ月経ってもまだ残っている大きな宿題

野田佳彦総理が就任してから3カ月経った2011年12月9日、私はようやく記者会見で質問をする機会を得ました。私の質問の趣旨は「震災から9カ月経った今、当時の政府見解と現在の状況とは大きく違っているのではないか。そのことに関して変更、訂正はあるのか」というものでした。

するとと野田総理はこう答えたのです。

「今、粉ミルクの問題等々出ております。食べ物についてはこれまで以上に細心の注意を払って検査をしていく。そして国民の皆さまに安心安全をきちっとご説明できるような環境整備をしなければいけないということは、依然として宿題として残っていると思っています」

驚いたのは、事故発生から9カ月経っているにもかかわらず、まだ宿題があると答えたことです。そして宿題があるにもかかわらず、日本ではこの日、国会が閉じられてしまいました。

実は記者会見の前日、こうした政府の現状認識に対して危機感を覚えた国会議員たちが法案提出を行なうための準備をしていました。内容は「子ども・妊婦法案」です。これは通称ですが、簡単に言うと「子どもと妊婦を守ってください」というものです。そのためにも食品のベクレル表示をやってください。驚くのは、いまだにこれが法律になるどころか、やっと素案を野党が上げようと思ったところで国会が閉じられてしまったことです。

◆既存メディアに明治を批判できる資格なし

この粉ミルクというのは非常に重要です。チェルノブイリ事故以降、ポーランドでは小児がんが比較的少ないということがわかっています。それはなぜかというと、ポーランド政府はチェルノブイリ事故発生直後、一旦、母乳の授乳を禁止したからです。母乳からセシウムが出やすいとわかっていたために、粉ミルクに替えたのです。その結果、周りの国と比較して小児がんの発生率が低くなりました。

そうした過去の教訓もあるので、福島のお母さんたちも含めて、母乳が心配な人たちはみんな粉ミルクに替えたのです。ところが、その粉ミルクから出てしまいました。

その粉ミルクを作ったのは埼玉県春日部市にある工場でした。セシウムが検出されたのは3月14日から20日までに加工したもので、40万缶が無償交換されることになりました。

ここから何がわかるかというと、3月の時点で埼玉県にも相当量のセシウムが飛んでいたということです。粉ミルクの原料自体は従来通りオーストラリアから輸入しているものですから、製造過程、つまり空気に触れる乾燥過程で放射性セシウムが入ったということです。

もし、原発事故発生当初に政府がＳＰＥＥＤＩを公開していれば、3月15日〜23日、埼玉に放射性物質が飛散するということがわかったはずです。それがわかっていれば明治も工場を操業停止していたかもしれません。しかし、そうした情報が知らされなかったために、粉ミルクにセシウムが混入してしまいました。つまり、明治は情報をきちんと出さなかった日本政府や新聞・テレビの被害者なのです。

しかし、粉ミルク事件が発覚した時、新聞はどう報じたでしょうか。「明治が企業としての責任を持って、ちゃんとダクト（※）を処理しておけば混入しなかったんじゃないか。企業としての倫理観がない」

しかし、3月の時点で日本のメディアは「食品は安全です。放射能は飛ん

（※）
ダクト
建物内の空調、換気、排煙を行なう通風管。

できていません」と言っていました。フリーランスの記者、自由報道協会の記者や海外メディアは、関東まで飛散している可能性を当初から指摘していました。だから、検査してくれ、測ってくれと訴え続けました。

ところが既存メディアの記者たちは「そんなことはない、デマを飛ばすな」と言っていたのです。そして彼らは枝野幸男官房長官の、

「食品はすべて安全に検査されています。安心してください」

という発言だけを無批判に報じてきました。

仮にこの時、新聞・テレビが「首都圏の空気中に放射能が飛んでいる可能性がある」と一言でも言ってくれれば、明治は操業を停止したかもしれません。それすらしなかった新聞が明治を責める資格はまったくありません。

粉ミルクからセシウムが検出されたことで、中国は禁輸措置を継続することを発表しました。「継続する」という文言を使ったのは、震災以降、すでに禁輸措置になっていたからです。

しかし、日本人だけはいまだにその事実を知りません。それは新聞・テレビが報じないからです。こうして日本はどんどん世界からの信頼を失っていったのです。

一般国民はいったいどうすればいいのか。もはや、食の安全は自分たちで守る以外にないのか。そこで私は次の提案を行ないたい。１、食品値札に放射線量を明記する　２、老人と子供への格差摂取制限の導入　３、天気予報に放射能飛散予報。この３つです。

第4章

絶対に許せない！　権力とメディアの「ウソ」

◆記者会見場での伝えられない舞台裏

「フリーの記者は態度が悪い」のウソ

2011年3月30日

◆新聞・テレビでは報じられない大手メディアの罵声

2011年3月30日、東京電力の勝俣恒久会長が初めて記者会見の場に姿を現しました。その際、フリージャーナリストの田中龍作（※）記者がこんな質問をしています。

「勝俣会長は3月11日、どこにいらっしゃいましたか」

勝俣会長は、

「中国にいました」

（※）**田中龍作**
フリーライター。カンボジア（1992年）をはじめ、世界の紛争問題を名もなき人々の視線から取材。インターネットニュースサイト「田中龍作ジャーナル」を運営。

と答えました。これは別に悪いことではありません。たまたま中国にいたということだからです。そして田中記者は続けて聞きました。

「大手メディアの幹部、OB、コメンテーター、解説委員と一緒に中国旅行に行っていたんじゃないですか」

勝俣会長はその事実を認めました。田中記者の追及はそこでは終わりません。

「その旅行の費用はすべて東電持ちだったんですか」

「すべてではありませんが、こちらが多めに出していると思います」

つまり、この中国旅行は東京電力による接待旅行だったということです。大手メディアの幹部、OBが負担したのは1週間の旅行でわずか5万円、人によっては2万円です。ファーストクラス、5つ星のホテル、最高級の料理を食べ、なかにはゴルフをし、女性の接待も受けたマスコミ、テレビ局、新聞社のOBがいたのです。

じつはこうした接待は一度きりのものではなく、年がら年中行なわれているものです。これは大変な問題ですが、記者会見の場では、またしても奇妙なことが起こりました。

「ひとりよがりの質問しているんじゃねえ」

会場にいた大手メディアの記者から、フリーの記者を激しく糾弾する声が上がったのです。結局、この模様は雑誌やインターネットでは報じられましたが、新聞・テレビでは一言も触れられることがありませんでした。

当時、東京電力の記者会見には、200〜300人ほどの記者たちが出席していました。そこにいるフリーランスの記者は10人ほどしかいません。大手メディアの記者たちはこのやりとりを全部聞いているはずなのに、東京電力にとって不利な情報は一切報じなかったのです。

◆態度が悪いのは、大手メディアかフリーランスの記者か

残念なことに、大手メディアの記者たちは3月中、一貫して東京電力に対して否定的な質問をしないという姿勢を貫いていました。そしてフリーランスの記者たちが権力側に対して情報公開を迫ると、この後も、

「もういいよ、その質問は」

「次の質問に行きましょう」

と言って、フリーランスの記者たちの質問を邪魔するようになったので

す。

また、こうした既存メディアの記者たちの態度の悪さは、一向に改まることがありませんでした。

たとえば9月に鉢呂吉雄経済産業大臣が「死の町」発言によって辞任会見を開いた時、フリーランスの記者たちは、

「本当のことを言って、なぜ辞任する必要があるのか。責任があるのは『死の町』という状況を作ってしまった菅総理や枝野官房長官ではないか」

と聞いていました。前述の田中龍作記者もこう聞いています。

「真意としては大臣の言ったことは正しい。飯舘村（※）の村民などは、廃村にしてほしいと言っているんです。戻したいと言っているのは政治家だけです。むしろ大臣に留まって、ちゃんとそうさせるべきではないですか。辞意を翻《ひるがえ》すことはできないのですか」

それに対して鉢呂氏はこう答えるわけです。

「あなたの言葉は大変温かいですけど、決断いたした次第でございます。御理解をいただきたい」

ところがこの会見では、大手メディアの記者が信じられない言葉を発して

（※）**飯舘村**
福島県相馬郡内陸部の阿武隈高地にある村。福島第一原発事故によって計画的避難区域に指定され、全村が避難対象になった。

います。大臣が辞任する理由を尋ねながらも、大臣の回答に苛立ち、こんな言葉を矢継ぎ早に投げつけたのです。

「具体的に、どうおっしゃったんですかっ？　あなたね、国務大臣お辞めになられるんならその理由くらいきちんと説明しなさいっ！」

「定かな記憶にないことで辞めるんですかっ⁉　定かな記憶だから辞めるんでしょうっ⁉　きちんと説明くらいしなさいっ、最後くらい！」

「何を言って不信の念を抱かせたか説明しろって言ってんだよっ！」

この時、暴言を浴びせた記者は自分の名前を名乗っていませんでした。それをもとに、

「フリーの記者は態度が悪い」

という風評が流されました。しかし、実際には違います。このやりとりを聞いていた田中龍作記者は、

「あなたそんなヤクザ言葉つかうのやめなさいよ。大臣なんだから敬意を持って質問しなさいよ。質問でしょ？」

と記者をたしなめています。するとその大手の記者は悪びれもせず、

「うるせえよ！」

と一喝したのです。

後で調べたところ、その記者は大手メディアの記者でした。私はいろんな記者会見に出ていますが、こういう罵声を浴びせるのは多くの場合、大手メディアの記者です。そしてほとんどの場合、自分の社名や名前を名乗ることはありません。彼らは奇妙なことに、「質問の前に所属とお名前を名乗って下さい」と司会者に言われると、突然質問をしなくなるのです。

不思議なことに、世間ではフリーランスの記者は行儀が悪くてひどい質問をするということになっています。しかし、実際は違います。この記者会見の模様はいまでもインターネット上で検証できるので、ぜひ確認してみてください。

真実は、なぜ日本に広まらないのか。それは大手メディアが横並び報道、排他主義などによって、異論を排除しつつ、自らの利権確保に躍起になってきたからにほかならない。誤報があってもなお、誰ひとり責任を取らない。これこそ、「日本型人災」の最たるものでしょう。

◆公的な記者会見が閉鎖されている世界唯一の国が日本

「日本には報道の自由がある」のウソ①

◆公的ニュースを有料で売っている日本の記者クラブメディア

「日本には報道の自由がある」

そう信じて疑わない人は多いと思います。しかし、それは間違いです。日本にあるのは「報道の自由」ではなく、記者クラブ制度（※1）という摩訶不思議で不健全な仕組みによる「報道の不自由」です。

これは「同業者が同業者を排除する」というもので、海外ではまったく考えられないシステムです。

（※1）
記者クラブ
（記者クラブ制度）
政府や行政機関、業界団体などを継続取材するため大手メディアが中心となって構成される任意組織。フリージャーナリストなどの加盟を制限し、記者会見を独占した上、加盟社以外の記者を会見場に入れないなど閉鎖性が指摘される。また、取材対象者から情報を一方的に提供されるため、横並び意識や記者の能力低下が顕著である。

記者クラブを構成しているのは、新聞・テレビ・通信社などに所属する記者ですが、彼らは中央官庁の建物内に家賃無料の記者室を与えられています。また、記者室のとなりには同様に家賃無料の記者会見室を持っています。

しかし、これには何の法的根拠もありません。辛《かろ》うじて根拠らしきものがあるとすれば、昭和33年に出された大蔵省管財局長通達（※２）です。しかし、この通達にはどこにも「使用は新聞・テレビ・通信社の記者に限る」とは書いてありません。ところが記者クラブは勝手に解釈して、フリーの記者や海外メディアの記者、インターネットメディアの記者たちを排除しているのです。

本来であれば国民全員のものである政府の情報を、なぜか記者クラブだけが不法占拠する状態が日本では続いています。そして彼らは「記者会見を主催しているのは記者クラブだから」という理由だけで、記者クラブ以外の記者たちを「公的な記者会見の場」から不当に排除しています。つまり、新聞・テレビ・通信社など、一私企業にすぎないメディアが政府の記者会見を独占し、本来無料の公的ニュースを自分たちだけが有料で売っているのです。

この記者クラブ制度をとってみても、日本に報道の自由がないことは明らかではないでしょうか。

（※２）
大蔵省管財局長通達
１９５８年１月７日に出された「行政財産を使用又は収益させる場合の取扱いの基準について」という文書のこと。「特定の個人、団体、企業の活動を行政の中立性を阻害して支援することとなる」場合は使用許可できないと定めている。

◆「ジャーナリズムの原則」とは何か?

健全なジャーナリズム精神が生きている海外であれば、このような制度は考えられません。その理由はいたってシンプルです。

まず、記者会見へのアクセス権は、新聞であろうがテレビであろうがフリーランスであろうがネットであろうが公平です。公平なアクセス権を担保した上で自由競争をしようというのがジャーナリズムの原則だからです。

1986年4月、旧ソ連でチェルノブイリ原発事故が起きた時、世界中のジャーナリストたちがソビエトに向かいました。当時のソビエトはいまの日本とは違い、独裁国家中の独裁国家でした。それでも世界中のジャーナリストが鉄のカーテン(※1)の内側に入って取材をしています。

少なくとも、政府の公的な記者会見には全員が出席することができました。だから日本のメディアであっても、モスクワでの取材ができました。そこにはソビエトと対立するアメリカの記者も入っていました。今から四半世紀前の旧ソ連ですら公的な情報へのアクセス権は保障されていたわけです。

私は北朝鮮にも取材に行きましたが、北朝鮮の記者会見にも各国のメディ

(※1)
鉄のカーテン
共産圏の閉鎖性を非難した言葉。1946年に、前首相チャーチルがアメリカ訪問の際に行なった演説の一句。東西冷戦の象徴。

(※2)
青瓦台
韓国大統領官邸。ソウル市の北岳山の麓にある。転じて、韓国の権力中枢を指す場合も。屋根に青い瓦が張られていることが呼び名の由来。高麗時代の王宮の一部を改装して使用。

アが入れます。中国もキューバもイランも入れます。しかし、日本だけが世界で唯一、公的な政府の会見に公平に記者が入れない状況が続いています。

私も海外へ行って「記者会見に参加したい」と言えば、入ることができます。たとえば私は2003年に韓国の青瓦台《チョンワデ》（※2）に行きましたが、最初は「あなたはこれまで一回も会見に来たことはないし、見たこともない。だから会見には入れない」と断られました。

ところがその後、ちゃんと入れるわけです。なぜかというと、韓国のジャーナリストたちが、「なぜ彼を入れないんだ。彼は日本でジャーナリストをやっているんだ」と抗議をしてくれたからです。つまり、同業者、ライバルであっても、情報公開という一点で「おまえも入れ」と団結するわけです。もし誰かが排除されそうになったら、政府に向かって「冗談じゃない。ジャーナリストを入れろ」と言うのが海外では普通に行なわれていることなのです。

しかし、日本だけは違います。日本では同業者が「あいつは入れてはいけない」と言います。本来、政府の情報は国民のものであるはずなのに、自分たちだけが独占できればいいと思っています。その利権を手放したくないからそのような態度をとるのです。

手前味噌になりますが、自由報道協会などフリーランスは、3月の段階から再臨界の可能性を指摘し、避難などに触れてきました。一方で、大手メディアの記者たちは「素人の戯言だ」と切って捨てていたのです。しかし、事実は逆でした。彼らこそ「素人」だったのです。

「日本には報道の自由がある」のウソ②

◆海外のジャーナリストもびっくりの記者クラブ制度

日本に悪名高い「記者クラブ制度」があることは、海外の記者の間では有名です。そして長い間、記者クラブ制度のもとで取材の自由が阻害されてきたために、海外の新聞の日本支局が中国に移動するということも起きています。

また、原発事故が起きた後も「記者クラブ制度」は悪い方向に働いています。原発事故発生直後、各国からたくさんのジャーナリストが日本にやってきました。彼らは取材のために被災地に入り、その後、当然のように政府の会見に出ようとします。ところが彼らは記者クラブ制度に阻まれ、記者会見に参加することができなかったのです。

たとえばCNNからはアンダーソン・クーパー（※1）という、世界的影響力を持つジャーナリストがやってきました。彼は被災地に入りましたが、政府の会見には出られませんでした。日本では「登録していない外国人ジャーナリスト」は排除され、記者会見に参加することができないのです。

それは、私のかつてのボスでニューヨーク・タイムズの東京支局長だった、ニコラス・クリストフ（※2）記者も同様です。つまり、全世界から集まってきたジャーナリストは政府の記者会見に入れなかったのです。もちろんフリーランスの記者たちも官邸の臨時記者会見から排除されました。

◆記者クラブへの便宜供与は年間139億円

記者クラブの記者だけが記者会見に参加することの問題点をあげるとすれば、彼らが政府から便宜供与（※3）を受けていることがあげられます。つまり、彼らは自分たちの権利を守るために、権力側と妥協する必要があるの

（※1）
アンダーソン・クーパー
アメリカの著名なジャーナリスト。現在はCNNの「アンダーソン・クーパー360°」のキャスターを務める。体当たり取材が身上で、世界の災害や紛争地域に直接出向く。

（※2）
ニコラス・クリストフ
アメリカのジャーナリスト、作家。オピニオン・コラムニストとしてニューヨーク・タイムズ紙やブログで執筆活動を続ける。

（※3）
便宜供与
都合のよいように取り計らうこと。必ずしも賄賂に当たるわけではない。

です。

記者室は無料、記者会見室も無料。そして記者クラブでお茶を出したりコピーを取ったり電話を取ったりするのも役所に勤める職員です。つまり、記者クラブは無料で公務員を使っていることになります。

こうした便宜供与額はバカになりません。全国の記者クラブへの便宜供与額は少なく見積もって年間で139億円という試算もあります。

驚くべきことに、かつては光熱費や新聞・雑誌代も無料でした。しかし、フリージャーナリストの岩瀬達哉（※）氏が追及したことで、記者クラブ側も数百円単位のお金を払うようになりました。しかし、いまだに電話が各省庁の代表電話からしかつながらない記者クラブもあるなど、非常に不健全な状態が続いているのです。

◆「官報一体化」の弊害

この記者クラブ制度のどこが問題か。それは政府や役人に逆らうようなことを言えば、出入り禁止になる危険があるということです。たとえば官邸の最高責任者である官房長官が「ただちに健康に被害はありません」と言う

（※）
岩瀬達哉
編集プロダクションを経て、1983年フリージャーナリストに転身。年金問題や記者クラブ制度、マスコミの体質などについての取材を精力的に行なう。

と、みんなその通りに書いてしまいます。そこにはジャーナリズムはなく、権力と一体化した「広報」の役割しかありません。

２０１１年３月の段階で、記者クラブメディアは、

「ただちに健康に被害のない量の放射能しか出ていない」

「放射能は出ていない」

という政府の発表をそのまま垂れ流していました。そして彼らは事故から1年近く経った今頃になって、事故当時の検証番組を作っています。しかし、これは言い訳に過ぎません。

私が記者クラブメディアに言いたいことはただ一つです。

「3月11日から1週間の自らの報道を、今、そのまま出せますか」

おそらく恥ずかしくてできないのではないでしょうか。

原子力に絡む国家の高度な機密情報は、断じて一部の政治家や官僚たちのものではありません。ましてやなんの権限も責任も持たないメディアのものでもありません。それらは究極的には国民のものであり、国民の知る権利に応えるべき知的財産なのです。

◆一元化された情報しかない日本の危険性

「安全です。放射能は出ていません」のウソ

２０１１年８月27日

◆記者クラブが情報の多様化を阻害する

世の中に一元化された情報しか流通しないことほど危険なことはありません。それは70年前の大本営発表（※）でも明らかなように、結果として大きく国を誤らせてしまうからです。

それを防ぐには一つしか方法はありません。単純に情報を多元化、多様化することです。

社会というのは、様々な価値観を持った人間で構成されています。新聞の

（※）
大本営発表
太平洋戦争時、軍事最高統帥機関であった大本営が行なった、戦況などに関する公式発表のこと。特に戦争後半は、軍部の都合がよいよう、恣意的に事実を捻じ曲げる発表が目立ち、転じて、「内容を信用できない虚飾的な発表」の代名詞になっている。

情報も、テレビの情報も、インターネットの情報も、多種多様な情報がたくさん流通したほうが自然です。

世の中には「放射能が危ない」という人もいれば「放射能は安全だ」という人もいます。そうした幅広い情報を世の中に提供しながら、読者、視聴者が自分で判断できるような社会を作るのが民主主義国家のメディアに求められる役割です。しかし、残念ながら日本だけは記者クラブ制度によって多様な情報の流通が阻害されてきました。

その結果、世の中では新聞・テレビから流れる情報だけが「唯一の真実」として捉《とら》えられる結果になりました。

◆NHKや朝日新聞は絶対に正しいか

3・11以降、世の中にはたくさんのデマが飛び交いました。たとえば「千葉県市原市にある石油工場が爆発し、有害物質が雨とともに降り注ぐ可能性がある」というデマが飛び交いました。

これはインターネット上であっという間に拡散されました。しかし、同時にインターネット上で専門家たちが即座にそのデマを否定したのです。つまりこのデマは2日間持たなかったのです。

30数時間でこのデマは「デマリスト」に載り、今はそれを信じている人はいません。

インターネットの効用は、情報が多様化されているために、明らかなデマは意外と早く消滅するということです。これが世界中でインターネットが多用されている理由の一つです。

それに比べると、既存のマスメディアの言論というのは基本的に一方通行です。そのため日本の記者クラブが出す情報、たとえば政府発表をそのまま垂れ流した「放射能は出ていません」「プルトニウムは飲んでも安全です」というデマがいつまで経っても淘汰されないという状況が生まれるのです。

つまり、私たちが正しい情報を知るためにも、世の中に流通する情報を多様化させる必要性があります。それがまさにデマを抑えるための仕組みなのです。むしろ双方向性があり、多角的に検証ができ、誰もがフラットに発言できるインターネットのほうが、デマは広がりにくいのです。

つまり、情報をオープンにしてしまえば、デマは存在しにくい。ウソは長生きできないのです。

ところが日本人は、「これが唯一正しいことである」と、上から教育して洗脳するということをやってきました。たとえば朝日新聞の「天声人語」は大学入試に出るから「いつも正しい」というふうに受け取るようになっている。NHKも基本的には正しいと思っている。

もちろん圧倒的に正しいことが多いけれども、必ず正しいわけではないのです。なぜかと言うと、朝日新聞の記者も、NHKの記者も別に神様ではないからです。絶対に正しいということはありえません。

人間は間違える動物ですから、人間が作っているメディアも間違える可能性がある。その前提でメディアに接するという普通のリテラシーを身につければ、「何が正しいかを教えてくれるもの」に頼らなくてすむ時代になります。

◆ネットの報道がいつも正しいとは限らない

3・11以降、自由報道協会の有志はボランティアで「ザ・ニュース」（※）というサイトを立ち上げました。このサイトでは、有志たちがそれぞれ独自の視点で取材した結果を公開しています。それぞれの記者たちがそれぞれ

（※）
ザ・ニュース
自由報道協会会員有志で作るニュースサイト。主に協会有志各個人のブログやホームページなどに書かれた、無料で配信している情報を、「The News」にまとめ紹介する。

ぞれの方法論、価値観で報じたものを一般の人も見ることができるポータルサイトを作ったわけです。

すると、既存メディアには載っていない情報が出ているわけです。そこを見たお母さんたちは自分で情報を判断し、家族で話し合って「とりあえず子どもは逃げよう」となったわけです。

この頃、既存メディアはまだ「安全です」「安心です」と報道を続けていましたが、後になって放射性物質が広い範囲で拡散していたことが明らかになるわけです。そのため、「ザ・ニュース」から情報を得ていた人々から、4月、5月になって、多くの御礼のメールや電話などをいただきました。

「これまで新聞を信じて新聞代を払っていたけれども、もう信じられない。大切な情報を伝えてくれた自由報道協会に寄付する」

という人々がたくさん出てきたのです。

ただし、これは表面だけをみて判断すると、また同じ轍《てつ》を踏むことになります。今回の3・11以降の報道はたまたまフリーやネットの報道が合っていたかもしれませんが、次も同じようにフリーやネットの報道が正しいとは限りません。ソーシャルネットワーク（※）が出てくる効用というのは、多様

（※）
ソーシャルネットワーク
インターネットを利用し、個人同士が社会ネットワークを構成していくこと。または、ソーシャルネットワーキングサービスを提供しているウェブサイトのこと。SNSと略される。

な情報を国民が受け取れる社会を作るという一点だけなのです。

何か一つの情報が正しいから、つまり既存メディアの報道が間違っていたから、これからも常にインターネットが正しい、と早合点してしまうと、70年前の大本営発表に踊らされたのと同じ失敗をしてしまうことになるのです。

◆自己検証をまったく行なわない日本の大手メディア

3・11以降、既存メディアは、

「安全です。放射能は出ていません」

と繰り返しました。しかし、それは国民が被曝してしまった後になって、実はウソであったということが明らかになりました。本来であれば既存メディアは「これだけ間違えていました」という自己検証をしなければなりません。しかし、日本の既存メディアはまったくそれをやりません。人に謝らせるのは得意でも、自分が謝ることはものすごく嫌いな人たちの集団なのです。

また、私が2011年8月27日に『朝まで生テレビ！』に出た際、番組の最後に司会の田原総一朗（※）さんと大塚耕平厚生労働副大臣（当時）と言い争いになりました。

その内容は「放射能が今出ているか出ていないか」ということでした。東京電力の記者会見を見ていれば、当時、東京電力自らが「放射能が毎時2億ベクレル出ている」と発表していることがわかります。しかし、田原さんも大塚さんも「放射能は出ていない」と言い張りました。それは田原さん、大塚さんが情報を得ていたツールが新聞やテレビで、新聞・テレビがそう発表していたことを信じていたからです。

しかし、その当時放射性物質の放出はまったく止まっていませんでした。

そこで私は、

「止まっていません。ちゃんと確認してください」

と言いました。ところが田原さんには、

「冗談じゃない」

と大声で怒鳴られました。大塚さんには、

「子どもと妊娠している女性、若い女性だけでも逃がすべきじゃないか」

と言ったら、

（※）**田原総一朗**
ジャーナリスト、評論家、キャスターとして幅広く活躍。東京12チャンネルディレクターを経て現職。

「そんな確認のとれないことを公共の電波で言わないほうがいいですよ」

と言われました。

ところが実際に確認のとれないことを言っているのは、田原さん、大塚さんのほうだったのです。

大塚さんのようなクレバーな政治家、そしてジャーナリストの大先輩でもっとも柔軟な田原さんですら、当時はこの程度の認識しか持っていませんでした。これでは既存マスメディアを信じている国民がウソの情報を信じてしまうのも当然だと思います。

７月19日、朝日新聞で放射性セシウムに汚染された稲わらについての記事が載るなど、政府やマスコミは「今頃」になって大騒ぎしました。フリーの記者たちや海外メディアは、３月の事故発生直後から、うんざりするほど繰り返し、その危険性について報じてきたのにです。

◆インターネット検閲と情報隠蔽

「日本は言論・報道の自由が認められている」のウソ

◆震災のどさくさ紛れに執行したサイト閉鎖命令

インターネット検閲という言葉を聞くと、まっさきに思い浮かべるのは、自由にインターネットにアクセスできない中国のことかもしれません。あるいは近年だと中東のチュニジアやリビアなどで革命が起きる寸前、ツイッターやフェイスブック（※1）などのSNS、インターネットでの情報流通を当局が止めました。中東の場合、止めた直後に政権は崩壊しましたが、実は日本でもそうした動きがあります。

（※1）
フェイスブック
2006年に一般公開されたばかりだが、2012年1月現在で世界最大のSNSに成長。基本的に実名で登録、現実の知人とネットで交流を深めることに主眼を置いたサービスで人気。

これは偶然ですが、２０１１年の3月11日、震災が起きる日の午前中に、重要な閣議決定がされています。これは「情報処理の高度化等に対処するための刑法等の一部を改正する法律案」で、別名「コンピュータ監視法」（※2）と呼ばれるものです。要するに私たちのインターネット通信を監視することを認める法律です。

これは非常に危ない法律で、安倍政権、麻生政権、鳩山政権でも廃案になっている法律です。しかし、菅政権では3月11日に閣議決定されてしまいました。

その後、震災が起きて混乱していたら、恐ろしいことに4月1日、警察庁が閣議決定をもとに、インターネットの7つのサイトに関してデマがあるということで、閉鎖命令を出しています。これはつまり「もし閉鎖しなければ捜査する」という命令です。

7つのサイトには、誰もが知っているような大手のサイトもありました。しかし、なかには4月1日の時点で、「石巻で震災後、自動販売機を荒らしているような人がいる」というサイトの書き込みに対し、「デマだから削除しろ」という指摘もあったのです。また、「被災地で泥棒が増えている」

（※2）
コンピュータ監視法
２０１１年6月17日に可決成立。サイバー犯罪への対応が主目的としているが、捜査当局によるネットメディアの封じ込めに使える可能性があるなどの問題点が指摘される。

「放射能が飛んでいるからと避難した地域の空き家に入っていく泥棒がいる」という書き込みがされたサイトも含まれていました。「これらの情報はデマなので、削除しろ」と言われたわけですが、これは結果的にデマではありませんでした。

◆新聞・テレビにとっては有り難い、敵を取り締まってくれる法律

不思議なのは、対象になったのが、インターネットのサイトだけだったことです。新聞やテレビなどのメディアは含まれていませんでした。

テレビや新聞はさんざんデマを言っているのに、そこに対する言及はまったくなく、インターネットだけを対象にしたものです。そして6月にはこの法律が成立してしまいました。

4月6日には総務省が「東日本大震災に係るインターネット上の流言飛語への適切な対応に関する電気通信事業者関係団体に対する要請」を出しました。

ですからいま、日本ではインターネットが監視されているのです。そして「放射能が出ている」とか、そういう危険なものに関しては監視をして、そ

れを止めていいということになっています。「2ちゃんねる」（※1）にも捜査が入りましたが、それらに対して捜査権が及ぶ状況になっているのです。

しかし、これは新聞・テレビなどではあまり報じられません。なぜかというと、大手メディアからすると、インターネットなどの通信は「敵」だからです。つまり、新聞・テレビからすると、自分たちの敵をつぶしてくれる政府は有り難いということで、全然報じられないのです。

◆日本よりも中国の方が言論の自由がある!?

日本では「中国のインターネット検閲はひどい」ということがさかんに言われています。しかし、中国のツイッターを見ていると、日本よりもずっと自由で何を書き込んでもいいのです。

たとえば、中国で新幹線の事故（※2）があった時、すぐに1両目の車両を埋めて情報隠蔽をしようとしました。しかし、その時に中国の南方系の独立ジャーナリストたちが中国版のツイッターなどを通じて「当局は情報隠蔽をしようとしている」と指摘しました。そして世論が沸き起こり、政府は翌日になって車両を掘り起こす事態に追い込まれました。

（※1）
2ちゃんねる
日本最大のインターネット掲示板サイト。匿名性が高く、根拠のないデマや流言飛語も多いが、ネット上の議論が社会問題に影響を与えるなど社会現象をたびたび起こしてきた。

（※2）
中国の新幹線事故
浙江省温州市で2011年7月23日に発生した中国高速鉄道の衝突・脱線事故。落雷で信号機が故障し、停車中の車両に後続車が追突し、一部が高架橋下に落下した。死者40人を出す惨事になった。

つまり中国では、ソーシャルネットワークが発達したために、当局の情報隠蔽が1日しかもたなくなっているのです。ところが日本人は、「ひどいなあ。あんな情報隠蔽をして」と笑っています。

しかし、世界中のジャーナリストは、日本のほうがもっとひどいメディアしか持っていない、ということがわかっているために、逆に日本人を見て笑っているのです。なぜなら日本人は「格納容器は健全に守られている」「放射能は飛んでない」という政府の情報隠蔽をそっくりそのまま信じてしまっていたからです。

不幸なことに、日本の政治家にも、官僚にも、記者にも、自分たちが情報隠蔽をしているという意識はまったくありません。彼らは善意の人たちですから、自分たちは最高の仕事をしていると思っているのです。

情報の出方や情報公開の形については、日本だけの見方だけではなく、海外からの見方も知っておくべきだと思います。とくにこのインターネット検閲に関して、日本人はあまりにも無自覚だと思います。

いったい日本は文明国といえるのでしょうか。エジプトや中国の方がずっとマシでしょう。なぜなら、言論の自由がわかるように制限されている国の方が、自由だと思わされて洗脳されている国よりもずっと正常化の可能性が高いからです。

◆日本の新聞にはない反論ページと訂正欄

「NHK、朝日新聞は絶対正しく、インターネットはデマだらけ」のウソ

◆ニューヨーク・タイムズだって間違いがある

何かにレッテルを貼って思考停止してしまうことはとても簡単で、安心できることです。しかし、これはとても危険です。

「NHK、朝日新聞は正しく、インターネットはデマだらけ」

そう考えている日本人はきっと多いと思います。たしかにこれは多くの部分で当たっています。ただしこれは「完全な事実」「不変の事実」ではないことをしっかりと認識してほしいと思います。

私はかつて、ニューヨーク・タイムズというアメリカの新聞で働いていましたが、そこには毎日必ず「Op-Ed」欄がありました。これは「Opposite Editorial」の略です。この欄では、毎日、必ずニューヨーク・タイムズに対する反論の文章を1ページにわたって載せていました。

ウィリアム・サファイア（※1）という有名なコラムニストなどが書いていましたが、「この間のニューヨーク・タイムズの○○記者のあの記事はひどい」ということを書くページです。つまり、ニューヨーク・タイムズの中に、ニューヨーク・タイムズを批判する記事が載るのです。

もう一つ、日本の新聞にはないものとして「Correction 欄」があります。これは日本語で言うと「訂正欄」。これが毎日1ページあります。なぜ毎日1ページあるかというと、「記事は間違える可能性がある。それを修正していくことによって読者に正しい情報を伝える」という考え方があるからです。

この二つのページが何を意味するかというと、新聞を読む人々の情報リテラシーを育てることに大きな役割を担っているということです。つまり、「新聞はいつも正しいわけじゃない」

（※1）**ウィリアム・サファイア**
ニューヨーク・タイムズ紙でコラム「言葉について」を30年以上連載。78年にピュリツァー賞を受賞。２００９年９月27日、すい臓がんのため死去、享年79歳。

（※2）**ジェイソン・ブレア**
元ニューヨーク・タイムズ記者。執筆した多くの

「記事が間違っていたということもあるよね」

ということを小さい頃から教えてくれるわけです。さらに「Op-Ed」で反対意見が載っていれば、

「そうか。こういう見方もあるけど、反対の見方もあるのか」

という「情報の多様性」を自然に感じることができます。こうした言論空間で育った人は、情報に対する考え方が非常に柔軟になります。

◆正しい情報を得る唯一の方法とは？

たとえばニューヨーク・タイムズでは、2003年5月にジェイソン・ブレア（※2）記者が多くの記事を捏造《ねつぞう》していた事件が発覚しました。これが日本のように一元化された言論空間しか持っていない社会であれば、

「ニューヨーク・タイムズが間違えた。私たちはニューヨーク・タイムズを信じていたのに、もういったい何を信じればいいの」

となってしまうでしょう。ところが海外の人たちは、

「ニューヨーク・タイムズはもう信用できない。最近出てきたポリティコ（※3）やハフィントン・ポスト（※4）を信用しましょう」

記事が捏造・盗用と発覚し、当時の編集主幹と編集局長の辞任に発展する「ジェイソン・ブレア事件」を起こし解雇。現在はライフコーチに転身。

（※3）**ポリティコ**
アメリカのインターネットニュースサイト。特にワシントンで活動する政治家やロビイストたちのゴシップやニュースに強い。

（※4）**ハフィントン・ポスト**
現編集長のアリアナ・ハフィントンが創業。オバマ大統領やビル・ゲイツ氏も寄稿するなど、著名なブロガーの意見を集めたブログニュースサイトというユニークな形態。

とはならないのです。皆が冷静に、

「ニューヨーク・タイムズだって間違えるよね」

と受け止めます。また、イラクの大量破壊兵器報道に際し、ジュディス・ミラー（※）が誤報を打った時もそうでした。

「あの記者、いい記者だけど、これは間違えたんでしょ」

と情報に対して冷静でいられるのです。

ところが日本人は洗脳されているのか、

「NHK、朝日新聞は絶対正しい」

と非常に多くの人が信じ込まされています。そこで朝日新聞やNHKが間違えると、

「あれっ、朝日新聞が間違えた。NHKが間違えた。じゃあ、私たちは一体何を信じればいいの！」

と言って、ヒステリックに動いてしまうのです。その時にたまたま私の書いたことが合っていたりすると、

「上杉隆ってすごい。自由報道協会ってすごいわ」

となってしまいがちです。しかし、それもまったくのまちがいです。

（※）
ジュディス・ミラー
ニューヨーク・タイムズ紙記者。03年4月、イラク戦争開戦の世論形成に大きな影響を与えた「イラクが開戦数日前に生物・化学兵器を廃棄した」とする記事が誤報と批判された。

なぜなら私も間違えるからです。

一つのメディアをやみくもに信用するのではなく、

「情報が正しい時もあれば、間違えている時もある。それは朝日新聞であろうがＮＨＫであろうがインターネットの情報であろうが変わらない」

という姿勢を身につけることが大切です。それが結果として正しい報道、そして正しい情報を得る唯一の道だと思います。

NHKは、基本的には正しい。ですが、必ず正しいわけではありません。記者は神様ではなく、人間は間違える動物で、その間違える動物が作っているメディアも、間違える可能性があります。その前提でメディアに接するという普通のリテラシーを身につけなければいけないのです。

「一部週刊誌によると、○○であることがわかった」のウソ

◆ジャーナリズムに必要なのはチェック機能

人間は必ず間違いを犯します。また、自分に都合の悪い情報は出したくないと思うものです。しかし、これを認めなければ健全な言論空間は生まれません。その意味で、日本のジャーナリズムはまだまだ海外のジャーナリズムの足元にも及びません。

ジャーナリズムに必要なのは、「間違いをチェックするシステム」を作ることです。海外のメディアはそれを作るために、少なくとも政府の公的な記

者会見などに関しては、アクセス権を完全にフリーにしています。

つまり、新聞、テレビ、通信社のみならず、雑誌やインターネット、フリーランスや海外メディアに対しても全部オープンにして、お互いが牽制し合ったり、情報のチェックをしています。つまり、メディア同士が相互批判をするわけです。

それは逆に言うと、それ以外チェックのしようがないということです。また、お互い牽制し合うだけではなくて、ライバルがいいことをやった場合は正当に評価する文化があります。

たとえばニューヨーク・タイムズのトップ記事であっても、

「昨日のワシントン・ポストの○○記者のスクープによると」

というようにクレジットを明記して解説したりしています。そして、

「我々が彼らのスクープの後に一昼夜取材したところ、実はこういう見方もある」

ということをやるのです。つまり、いいことをやった時は誉める。間違えた時は厳しく追及する。是々非々でやることで、相手に敬意を示すフェアネスの精神が行き渡っているのです。

ところが日本の既存メディアはそれができません。たとえば読売新聞が、

「朝日新聞の昨日のスクープによると」

と書いたのを私は見たことがありません。他紙にスクープを飛ばされた後はその元記事をまったく無視して、

「今日、○○とわかった」

と、突然超能力者のようにわかってしまうのです。ようするに相手の評価をしない。だから結果として相手の批判もできない。こういう不健全な言論空間に日本人は生きているのです。

日本のメディア構造で問題なのは、都合よく自己完結してしまっていることです。つまり「他の媒体は存在しない」ことになっている。だから他紙の情報を使っても基本的には読者にそれが見えないようにしています。

◆ニュースソースを明らかにするのが礼儀

わかりやすい例をあげましょう。日本の既存メディアは、雑誌などがスクープを飛ばすと、よく、こういう書き方をして後追いをします。

「一部週刊誌によると、○○であることがわかった」

当然ながら、『一部週刊誌』という名前の週刊誌は存在しません。それなのにあえてニュースソースを隠して報じるのです。つまり自分たちだけがニュースの専門家で、既得権益を守るんだという姿勢をとり続けています。しかし、この構造もインターネットの発達によって徐々に崩れてきています。とりわけ原発報道に関しては、フリーランスや海外メディア、ネットメディアの情報が先に世の中に出て、既存メディアはそれを後追いしています。それは許せないということで、既存メディアは躍起になってフリーランスやネットメディアの記者を使うのを避けているのが現状です。

こうした状況を打破するにはどうすればいいか。それは単純なことです。

「フリーランスの誰々が書いた記事によると」

「インターネットサイトの○○によると」

とちゃんと書けばいいだけの話です。単純にソースを明らかにするというフェアなやり方をすればいいだけなのに、「自分たちこそがニュースの専門家だ」というくだらないメンツのためにそれができないのです。そして、結果として読者からの信頼を失っていく。既存メディアは、自分で自分の首を締め、自分たちを追い詰めているのです。

既存メディアは、これまで情報を独占することによって、自分たちの既得権益を作ってきましたが、今はインターネットメディアによって、崩壊してしまっています。インターネットというメディアが本当の情報、少なくとも反論できる情報の多様性を生み出しているのです。

◆テレビ・アナウンサー、新聞記者の悪意のない報道

「自分たちは正しいことを報じている」のウソ

◆国際的な信用を失わせる逆効果な宣伝

2011年4月頃、多くの日本人は放射能汚染について正確な情報を知りませんでした。その大きな理由は、新聞・テレビなどのマスメディアが放射能汚染の危険についてほとんど伝えなかったからです。そのため日本には放射能汚染に対する不安を表立って発言することがはばかられる空気がありました。

大手のマスメディアは海に放射能汚染水が流れている可能性や、プルトニ

ウム飛散の可能性、ストロンチウム放出の可能性についても言及しませんでした。

それどころか官民一体で食品の地産地消を叫んでいました。

「福島の皆さんは地産地消で安全な食事をしましょう」

「みんなでがんばるために福島のものをどんどん食べましょう」

自民党も民主党も、国会議員が誇らしげにそう語っていました。片山さつき議員などに、

「みんな福島のものを買って。いま自民党本部で売っているから、みんな福島を応援するために福島の野菜や食べ物を買ってちょうだい」

と、テレビで言わせたわけです。

しかし、これは逆効果です。そうした映像が海外に流れることによって、日本は国際的な信用を失うことにつながるからです。なぜなら、当時は放射能汚染の度合いの測定をせずに売っていたからです。

しかし、日本の大手マスメディアには「自分たちが間違ったことをしている」という意識はありません。逆に「自分たちは正しいことを報じている」と信じています。つまり、自分たちがウソを報じているとか、ニセの情報を

報じているという意識すらないのです。

◆日本の洗脳は中国の180倍は強力だ

これは非常にやっかいなことです。たとえば中国や北朝鮮などでは、報じている側に「オレたちは権力側のウソをそのまま報じている」という意識があります。それを見ている国民の側も「しょせん権力側のプロパガンダにすぎない」ということを理解しています。

これはある意味、楽です。自覚がある分、洗脳を解きやすいのです。

たとえばチュニジアやリビアやエジプトでの革命は、SNS、ツイッター、フェイスブックなどがきっかけでした。それではなぜ、こうしたソーシャルメディアが新聞やテレビよりも影響力を持ち、比較的早い段階で民衆や国を動かすことができたのでしょうか。

それは「洗脳」が一段階だったからです。つまり、洗脳する側のメディアの人間たちに「自分たちは本当のことを報じていない」という自覚がありました。本当は権力側のプロパガンダに利用されているとわかっていても、「本当のことを書いたら殺されてしまう」「職を失ってしまう」という恐怖から権力に加担していたにすぎないのです。

だから、独裁者が逃げて恐怖から解放された瞬間、「やっと本当のことが報じられる」といって全部報じました。それに国民が気づいて大きなうねりになったのです。同じことが旧ソ連でも行なわれました。権力側の隠蔽工作が1日でバレた中国の新幹線事故も同じです。日本の場合、放射能汚染は半年間バレませんでした。つまり日本は中国の180倍、洗脳が強力なのです。

◆なぜ6万人デモが大きく報じられないのか

アメリカでもついにそのうねりが起きています。「オキュパイ・ウォールストリート」（※）を発端に始まったツイッターやフェイスブックなどの革命が大きなうねりとなり、カリフォルニア州のオークランドでは、イラクに行った海兵隊員が職をくれと行動を起こしました。

彼がオークランドの広場でプラカードを掲げていると、警官が催涙弾を発射し、それが後頭部に当たって昏睡状態になりました。今までであれば、そうした様子はアメリカの既存メディアも報じませんでした。実際、あまりに

（※）
オキュパイ・ウォールストリート
Occupy Wall Street（OWS）。2011年9月17日、金融政策と雇用政策の不満から若者がウォール街を占拠する運動を起こしたのに端を発した社会現象。背景に、先進国での所得格差の広がりがある。

も影響が大きすぎると自主規制をして報じませんでした。

ところが、それをiPhoneで撮っていた人間がたくさんいて、それをYouTubeにアップしたのです。

「なぜ、あの海兵隊員はプラカードを持っていただけで撃たれて、あんなになったんだ。自分たちの国を守ってくれた若者を、なぜあんな目に遭わせなくちゃいけないんだ」

しかもデモ隊には警官のスパイも入っていて、デモ隊のテントから情報を取っていました。それがまたiPhoneで撮影され、警官の画像とデモ隊の画像が一致して流れ出てくる。それでまたバレる。それがまた大きなうねりとなる。

オバマは大統領選挙を前にして、ツイッター・フェイスブック革命で大きく支持率を落としてしまったのです。

実はこうしたうねりは日本でも起こっています。たとえば原発事故の後には、インターネット発の6万人デモ（※1）が日本でも起きています。ところが、日本の新聞・テレビは海外のデモは報じても、自分たちに都合の悪いデモは報じないのです。

（※1）
インターネット発の6万人デモ
2011年9月19日、ノーベル賞作家大江健三郎氏らの呼びかけで東京・明治公園に集まった6万人の参加者が、脱原発を訴えるデモを行なった。

なぜかというと、そうしたデモは新聞やテレビの記者たちがこれまで報じてきたものとはまったく正反対だからです。そのため、このうねりを報じてしまうと自分たちが今まで報じてきたことが「誤報」になる可能性があります。だから報じられないのです。

もう一つの大きな理由は、新聞・テレビの記者たちは「自分たちは正しいことを報じている」と本気で信じていることです。要するに、自ら悪いことをしているという意識がまったくありません。だからいっそうたちが悪い。

私も相手が悪ならば戦いやすいのですが、基本的に彼らは善人です。善と思って悪を為《な》している人ほど手に負えないものです。

◆悪意のないウソの報道ほど怖いものはない

２０１１年11月17日付の北陸中日新聞（※２）に、興味深い記事が載っていました。それは福島テレビの元アナウンサーのインタビュー記事でした。

その元アナウンサーは震災発生直後、危ないと思って実家がある金沢市に子どもを預けました。そして自分は金沢から福島に通ったということでした。その後、第二子の妊娠がわかり、７月で退社しています。

（※２）
北陸中日新聞
中日新聞が北陸地域向けに発行する日刊紙。発行部数約10万部。１９５２年に北日本新聞社が創刊。１９６０年に中日新聞が編集・発行権を買収。

「安全です、安心です、皆さん、がんばりましょう」

毎日そう呼びかけていました。ところが放送が終わると、福島は危ないからと金沢に逃げるわけです。そんな毎日を苦しみながら半年近く我慢して送ったけれども、やっぱり耐えられないといって局を辞めました。そして金沢に逃げて、金沢で北陸中日新聞のインタビューを受けました。

「伝えるニュースに、これでいいのか、これって放送していいの？」

と自問したという。つまり、我慢した。自分は苦しかったという記事でした。

それを見た瞬間、私は「大丈夫かな」と思いました。写真付きの記事です。普通の国だったら、この人、相当非難されるのではないかと思いました。

なぜなら彼女がウソを報じることで、それを信じた福島の人たちは被曝をしているからです。そしてマスコミの書き方も私からすれば奇妙なものでした。それを同業者の美談として載せてしまうのです。

多くの人たちに公共の電波を使ってウソを報じ、自分だけは助かるように算段していたということを堂々と告白し、その上、「自分は苦しかった」と言う。それを新聞で読まされた人たちは何十倍苦しかったことでしょうか。

セシウムが母乳から出た人、セシウムに汚染された粉ミルクを飲ませてしまった人、安全だと言われた食物を食べて、後からストロンチウムが出たことを知った人……。みんな取り返しがつかないのです。そこに思いが至らずに、

「苦しかった。もうあんな苦しみには遭いたくない」

と平気で言えてしまうメディア人。そして平気で載せてしまう新聞。やはり、彼らには悪意がないとしか思えません。

悪意があれば、インタビューに答えるどころか、申し訳なくて、まず沈黙するはずです。私が新聞発行者だったら、一旦全紙休刊し、徹底した自己検証で「なぜ私たちは過ちを犯したか」という報道をします。

それぐらいしなければ、私は良心の呵責に耐えられず、報道を続けられないでしょう。

「海外メディアが『危ない』と言っている報道もある」、少なくとも、「安全です。ただし、私たちは50キロ圏外から報じています」と一言書いてくれれば、一言言ってくれれば、あとは見る人が判断するのに、それができない。これが2011年３月のメディア報道の真実です。

「発電所の事故そのものは収束に至った」のウソ

２０１１年12月16日

◆放射性物質が放出している間の「収束宣言」

２０１１年12月16日、日本政府は福島第一原発の原子炉が「冷温停止状態」に入ったとして「収束宣言」を行ないました。また、同日、政府・東京電力の統合対策室（※１）も解散し、４月末から約９カ月間続いてきた統合対策室の合同記者会見もこの日が最後となりました。

最後の合同記者会見の席上、細野豪志原発事故担当大臣はこう言いました。

（※１）**統合対策室**　正式には「政府・東電統合対策室」。東電、原子力安全・保安院、原子力安全委員会など関連組織が一堂に会し、福島第一原発事故対策の司令塔と

「原発敷地内、オンサイトの事故は収束したということです」

しかし、この「収束宣言」はごまかしに過ぎません。

合同会見に先立って開かれた野田佳彦総理の記者会見でも、野田総理は燃料棒の状態をまったく答えることができませんでした。また、東京電力の松本純一原子力・立地本部長代理は、

「圧力容器（※２）から抜け落ちて格納容器の底に留まっているものと見られる」

と、これまで同様の回答を繰り返しました。園田康博内閣府大臣政務官にいたっては、

「コンピューターによる解析で判断した」

と答えています。つまり、誰一人として燃料棒の状態を正確には把握していないのです。

「冷温停止状態」とは「圧力容器底部の温度が１００度以下」「格納容器からの放射性物質放出を管理し大幅に抑制すること」「循環注水冷却システム（※３）の中期的な安全性確保」が達成された状態です。

しかし、燃料棒はすでに圧力容器を突き破っています。放射性物質の放出

して機能。２０１１年12月16日、事故収束に向けた工程表のステップ２完了が政府から発表されたことを受けて同日解散。

（※２）
圧力容器
原子炉の炉心を格納する、カプセル状の容器。厚さ15～30㎝の鉄鋼製で、炉心の発する高温、蒸気の高圧に耐える。放射性物質が溶け出したときの最初の防御壁でもある。

（※３）
循環注水冷却システム
福島第一原発の建屋地下や貯蔵施設などにたまった高濃度汚染水を浄化処理し、原子炉の冷却に再利用するため急遽、建設した施設群。

も続いています。収束宣言の翌日には、循環注水冷却システムをつなぐホースの水漏れが発覚し、海への放射能汚染水の流出も明らかになりました。政府はこのような状態で「収束」を宣言したのです。

当然ながら、私を含む自由報道協会のメンバーなどフリーを中心に、統合対策室の解散には反対の声が上がりました。最後の会見となった12月16日の合同記者会見の場でも、フリーランスの記者たちが何度も合同会見の継続の必要性を訴え、質問を重ねていきました。

しかし、その記者会見の場で、細野大臣の口からは驚くべき言葉が飛び出したのです。

「マスコミの皆さんから『(合同会見を)そろそろ止めてもいいんじゃないか』という意見もありました」

この言葉を受け、フリーランスの村上隆保(※)記者が問いただします。

「マスコミとは誰なのか。新聞なのか、テレビなのか、それともフリーランスの記者なのか」

細野大臣は、

「メディアの人たちとの信頼関係があるから言えません」

(※)**村上隆保**
フリー編集者&フリーライター。週刊プレイボーイ編集部を中心に活動。政治からアイドル、女子アナまで幅広く取材。編集プロダクション・湘南バーベキュークラブ代表。

と口をつぐみました。しかし、どう考えてもフリーランスの記者が打ち切りを要求するはずがありません。大手メディアの記者から提案があったのは明らかです。

◆「ジャーナリスト無期限休止」の理由

細野大臣はこの日の記者会見に1時間半出席し、会見途中で退席しました。その理由は「公務のため」とされていましたが、会見中に見たワンセグのテレビでその理由がわかりました。細野大臣はＮＨＫ、民放各社のテレビ番組をはしご出演するために記者会見を途中退席したのです。

多くの記者、様々なメディアの記者がいる記者会見を途中で抜け出し、一メディアに過ぎないテレビに出る……。これは公務軽視と言えるでしょう。

また、そうした政府の方針、東京電力の対応を許している大手メディアも情けない限りです。彼らの意識は「もう原発事故は収束に向かい、大騒ぎするほどではない」と信じきっているのです。これは「間違い」というレベルではなく、犯罪行為に近い、国民への詐欺行為だと思います。

私たちは今、70年前の大本営発表を検証できます。それと同じように、今から50年後、70年後の日本人は、今の報道を検証してどう思うでしょうか。

「あの時の報道はひどかったな」

「報道は完全に政府や東京電力の情報隠蔽に加担したな」

おそらく私は70年後には生きていませんが、歴史はそう判断すると思います。

政治も報道も、すべて結果責任です。今回の原発事故では結果的に報道が政府や東京電力が発表する間違った情報、ウソの情報を国民に広め、それによって被曝しなくてもよかった国民を被曝させてしまいました。

しかし、政府もメディアも国民も、「なぜ原発事故の被害がここまで拡大してしまったのか」「原発事故の加害者は誰なのか」という問いに対する明確な答えを持ち合わせていません。

そして加害者本人たちからは、現在までに厳しい自己批判も含めた反省は一切なされていないのです。

震災発生以来、私は大手メディアの記者たちに言ってきました。

「自分たちは早々と原発から遠く離れて身の安全を確保しておきながら、政府や東電の『安心だ』『安全だ』というデマを流すのはおかしくないか。ジャーナリスト以前の問題で、人間としておかしくないか」

私はその後、何度もこの言葉を当事者たちに伝え、ラジオでも言い、4月には雑誌『週刊文春』にも書きました。しかし、いまだに一件の反応も批判も訂正要求もありません。なぜなら彼らは本当に「逃げて」いたからです。

将来、自分が日本の大手メディアの記者たちと「同じ職業だった」と見られるのは、私の良心が許しません。だから２０１１年4月1日に「ジャーナリスト無期限休止」宣言をし、２０１１年12月31日をもって日本でのジャーナリスト活動を休止したのです。

それは、日本のジャーナリズムに対する、捨て身の抗戦の意味でもあります。

今後、放射能による健康被害が増えていくでしょう。放射能との戦いは長いですから、確かに枝野さんの言うように直ちには健康被害は出ません。ただ、出てくる確率が増えるのは確かです。自分が生きている間は、福島を拠点に放射能の取材を継続的にやっていくつもりです。

おわりに

２０１２年２月、私はルクセンブルグで開催された欧州委員会・フランス原子力規制局などの主催するオーフス会議に呼ばれた。

オーフス会議とは何か。それは１９９８年に採択された環境汚染などにおける住民への情報提供などを定めた国際条約に基づき、開催されるものである。日本は未批准だが、環境政策を重視する欧州ではほとんどの国が批准している。

その会議に、なぜ日本人のフリージャーナリストである私が呼ばれたのか。しかも、日本の代表としてである。

その理由は、あの３・11以来、日本政府、官僚組織、学界、電力会社、そしてメディアによる情報隠蔽が欧州の隅々まで知れわたり、それよりもずっとました報道を続けていたフリー記者への評価が高まったという背景がある。とりわけ、その集合体である社団法人・自由報道協会はインターネットを通じて全世界に情報を発信してきた。その組織の代表として、私がプレゼンを要請されたというわけである。

欧州での会議に参加した私は、なによりその自由闊達さに驚いた。参加者の顔ぶれの多様さもさることながら、意見そのものがひとつとして同じものがないのだ。だが、会議としては見事に成り立っている。まさしく言論の自由を体現していた。

一方で日本はどうか。残念ながら、もっとも言論の自由を標榜すべきジャーナリストたちが、記者クラブというシステムの鎖につながれ、その可能性を否定している。

彼らは奴隷なのだ。記者クラブというシステムの鎖に繋がれた奴隷なのだ。

この世の中は多様な価値観を持った多様な人々で構成されている。当然に情報も多様であっていい。にもかかわらず、日本ではそうはなっていない。多様性を許さない不健全なメディアシステムのおかげで社会全体が危険なほど単一化してしまっているのだ。

日本に欧州のような言論空間が出現するのはいつのことだろうか。本書の読者はきっとその答えに気づいたはずだ。

そして、そのためにはひとりひとりが行動に移さなくてはならない。それは、3・11を経験したすべての日本人が背負った宿命なのである。

2012年2月

上杉隆

本書は、清話会（株式会社セイワコミュニケーションズ）で行なわれた「日本は〝報道統制〟状態か⁉」、朝日カルチャーセンター 朝日ＪＴＢ交流文化塾で行なわれた「メディアと権力」などの講演の筆録を中心に、大幅に加筆・再構成してまとめたものである。

〈著者略歴〉
上杉隆（うえすぎ・たかし）
1968年福岡県生まれ。都留文科大学卒業。ＮＨＫ報道局、衆議院議員公設秘書、『ニューヨーク・タイムズ』東京支局取材記者などを経て、2002年よりフリージャーナリストに。政治・メディア・ゴルフなどをテーマに活躍中。2011年には「自由報道協会」を設立、代表に就任。一方でジャーナリスト無期限休業を宣言する。
主な著書に、『官邸崩壊』（新潮社、幻冬舎文庫）、『ジャーナリズム崩壊』（幻冬舎新書）、『国家の恥』（ビジネス社）、『新聞・テレビはなぜ平気で「ウソ」をつくのか』（ＰＨＰ新書）など多数ある。

大手メディアが隠す
ニュースにならなかったあぶない真実

2012年４月２日　第１版第１刷発行

著　者　上杉　隆
発行者　安藤　卓
発行所　株式会社PHPエディターズ・グループ
〒102-0082　東京都千代田区一番町16
☎03-3237-0651
http://www.peg.co.jp/
発売元　株式会社ＰＨＰ研究所
東京本部　〒102-8331　千代田区一番町21
普及一部　☎03-3239-6233
京都本部　〒601-8411　京都市南区西九条北ノ内町11
PHP INTERFACE　http://www.php.co.jp/
印刷所
製本所　図書印刷株式会社

ISBN978-4-569-80312-8

PHPエディターズ・グループの本

井沢元彦の
学校では教えてくれない日本史の授業

井沢元彦 著

学校の時系列的教え方では、「歴史的出来事の本当の意味」は学べない。井沢元彦独自の俯瞰的視点で日本史をもういちど学び直す一冊。

定価一、七八五円
(本体一、七〇〇円)
税五%